# 実践 気体軸受の設計と解析

― 有限要素法による動圧・静圧 ―
気体軸受解析

工学博士 大石 進 著

**コロナ社**

# まえがき

　大学3年生のとき，ある本をきっかけに機械系と電気系のアナロジーに興味をもち，勉強した．機械システムの動的挙動を等価な電気回路に置き換えて解析するというもので，当時はアナログ計算機なるものもあった．3年生の後期に卒業研究テーマが発表され，その中の「油圧回路の…」というテーマの「回路」しか目に入らずに所属した研究室が，精密工学の研究室であった．このテーマの課題の一つは，可変油圧ピストンポンプの斜板の位置制御を行うために借りていたサーボアンプを自作することで，回路は回路でも，予想外のことであった．秋葉原で必要部品を買い集め，15 kW の油圧モータの速度制御ができるようにした．このモータは平面研削盤の主軸駆動用であった．当時，高速研削の研究が世界的に行われ始めており，この研究室では，主軸回転とテーブル送りを高速化した研削実験の準備のために，高パワーのモータに加えて，この研削盤の主軸軸受およびテーブル案内面が，すべて油の静圧軸受につくり変えられていた．これが，静圧軸受との出会いである．1972年のことであった．

　これから，高速研削から高切込み・極低速送りのクリープフィード研削へと研究内容は変わったものの，学位を取得するまでは研削の研究に従事してきた．しかし同時に，研削加工精度との関係から静圧軸受の動特性についての研究も行い，その過程で静圧軸受の勉強もした．1970年前後は，学会でも静圧軸受が注目されていた．1970年代後半には，有限要素法（FEM）を用いて研削温度の解析（熱伝導問題）も行うようになったが，当時は大学の大型計算機でも節点数1500程度の計算しかできなかった．

　1989年，縁あって現在の大学にお世話になることになり，1年目に実験室の整備のための特別な予算をいただいた．大型の防振台とワークステーションを購入したら予算はほとんどなくなってしまったが，そのころのワークステー

ション（HP-UX）のメモリはなんと 8 MB だったと記憶している。

　機械加工関係の研究室ではあるが，新しい研究テーマとして空気軸受の解析プログラム，具体的には，FEM を用いてレイノルズ方程式およびエネルギー方程式を解くプログラムの開発を始めた。まずは，これら支配方程式の定式化である。ここで改めて数学を勉強し直し，学生時代にはまったくわからなかった定理の数学的意味が実際と結び付いた。幸いなことに，1 年目の卒業研究生に UNIX もある程度わかりプログラミングも得意な学生がいた。卒業後も連絡をとってロジックやプログラムの誤りを修正し，これが本書でいくつか紹介しているプログラムのもととなっている。彼には大いに感謝する次第である。

　FEM を用いたプログラムの構成は，問題によらずほとんど同じであるので，支配方程式の定式化さえ間違えなければ，構造解析や場の問題に応用するのは，それほど難しくはない。筆者は，静圧軸受の圧力分布解析に加えて，静圧軸受主軸ユニットの熱変形解析，熱源の移動と冷却そして研削の進行に伴う工作物の形状変化を考慮した研削中の工作物温度解析にも，FEM を利用している。

　本書執筆の動機の一つとなったのは，ある学会で論文の校閲委員をしていたとき，FEM を用いて空気静圧軸受の圧力分布を求めようとしているにもかかわらず，圧力分布がわからないと決まらない絞り出口圧力を簡単な圧力分布の仮定から定めて境界条件とし，レイノルズ方程式のみを解くという論理的に矛盾した論文に出くわしたことである。そこで，浅学非才であることも顧みず，筆者が作成したプログラムを一般に公開しようと考えた次第である。

　したがって，本書の前半は，筆者の洗練されていないプログラムであるが，これがすぐに使えるように，4 章以降はもっと素晴らしいプログラムを作成する手助けができるように，という思いで書かせていただいた。

　最後に，仕事に専念できるよういつも気を配ってくれている愛する家族，妻の幸子そして息子の剛と悟，に深く感謝いたします。また本書の出版を快諾していただいたコロナ社に感謝申し上げます。

2011 年 3 月

大石　　進

# 目　　　次

## 1. 滑り軸受と軸受理論の基礎

1.1 滑り軸受の原理と種類 ··················································································· *1*
　1.1.1 潤滑と滑り軸受 ···················································································· *1*
　1.1.2 動圧軸受の原理と種類 ············································································ *4*
　1.1.3 静圧軸受の原理と種類 ············································································ *8*
1.2 滑り軸受理論の要約 ··················································································· *13*
　1.2.1 一般化レイノルズ方程式 ········································································ *13*
　1.2.2 非圧縮性レイノルズ方程式 ····································································· *15*
　1.2.3 圧縮性レイノルズ方程式 ········································································ *16*
　1.2.4 潤滑膜の境界条件 ················································································· *17*
　1.2.5 絞　　　り ························································································· *19*

## 2. 数値解析のための準備と有限要素法の利用

2.1 フォートランコンパイラと数値計算ライブラリ ············································· *25*
　2.1.1 フォートランコンパイラ ········································································ *25*
　2.1.2 数値計算ライブラリ ·············································································· *28*
　2.1.3 コンパイラコマンドとコマンドオプション ··············································· *30*
2.2 有限要素法の長所と短所 ············································································· *32*
　2.2.1 近似の方法と有限要素法の長所 ······························································· *32*
　2.2.2 有限要素法の利用における短所 ······························································· *33*
2.3 プリプロセッシングとポストプロセッシング ················································ *34*
　2.3.1 プリプロセッシング ·············································································· *34*

2.3.2 ポストプロセッシング ……………………………………………………… 35

# 3. 各種軸受用プログラムとその使い方

3.1 解析モデルの設計 …………………………………………………………… 38
3.2 プログラムの基本的なフローチャート ……………………………………… 40
   3.2.1 圧縮性流体・自成/オリフィス絞り型静圧軸受 ………………………… 40
   3.2.2 圧縮性流体・多孔質絞り型静圧軸受 …………………………………… 44
   3.2.3 圧縮性流体・動圧軸受 …………………………………………………… 44
   3.2.4 非圧縮性流体・オリフィス/キャピラリ絞り型静圧軸受 ……………… 46
   3.2.5 非圧縮性流体・動圧軸受 ………………………………………………… 47
3.3 ジャーナル軸受解析のための入力データと出力 …………………………… 48
   3.3.1 圧縮性流体・真円形・静圧ジャーナル軸受（GAS-STAT） …………… 52
   3.3.2 非圧縮性流体・真円形・静圧ジャーナル軸受（HYDRO-STAT） ……… 66
   3.3.3 非圧縮性流体・真円形・動圧ジャーナル軸受（HYDRO-DYN） ……… 72
   3.3.4 解析結果の見方 …………………………………………………………… 75
3.4 スラスト軸受解析のための入力データと出力 ……………………………… 77
   3.4.1 圧縮性流体・矩形・静圧スラスト軸受（GS-RECT） ………………… 81
   3.4.2 非圧縮性流体・矩形・静圧スラスト軸受（HS-RECT） ……………… 89
   3.4.3 圧縮性流体・矩形・動圧スラスト軸受（GD-RECT） ………………… 94
   3.4.4 非圧縮性流体・矩形・動圧スラスト軸受（HD-RECT） ……………… 97
   3.4.5 圧縮性流体・環状/矩形・静圧スラスト軸受（GS-ANNULAR） ……… 99
   3.4.6 圧縮性流体・円形/矩形・静圧スラスト軸受（GS-CIRCULAR） …… 111
   3.4.7 圧縮性流体・環状/矩形・表面絞り型静圧スラスト軸受（GS-SURFACE）
       …………………………………………………………………………… 120
   3.4.8 解析結果の見方 ………………………………………………………… 128
3.5 圧縮性流体・環状/矩形・多孔質絞り型静圧スラスト軸受解析のための
   入力データと出力 …………………………………………………………… 128
   3.5.1 圧縮性流体・環状/矩形・多孔質絞り型静圧スラスト軸受（GS-POROUS）
       …………………………………………………………………………… 129
   3.5.2 解析結果の見方 ………………………………………………………… 140

## 4. プログラミングの要点とプログラムの検証

- 4.1 有限要素法と定式化の方法 ································· 141
  - 4.1.1 圧縮性流体レイノルズ方程式 ······················· 143
  - 4.1.2 非圧縮性流体レイノルズ方程式 ····················· 148
  - 4.1.3 多孔質体内の流れとレイノルズ方程式 ··············· 149
- 4.2 要素および局部座標系と全体座標系 ······················· 154
  - 4.2.1 2次の四角形要素 ································· 154
  - 4.2.2 1次の三角形要素 ································· 156
  - 4.2.3 2次の六面体要素 ································· 157
- 4.3 数 値 積 分 ············································ 160
- 4.4 プログラムの構成 ······································· 163
- 4.5 剛性マトリックスと負荷ベクトル ························· 171
- 4.6 境界条件とその処理 ····································· 179
- 4.7 流 量 の 算 出 ········································ 181
- 4.8 負荷容量と剛性の算出 ··································· 184
- 4.9 軸受すきま ············································· 184
- 4.10 プログラムの検証 ······································ 186
  - 4.10.1 圧縮性流体軸受 ································· 186
  - 4.10.2 非圧縮性流体軸受 ······························· 190

## 5. 軸受設計のさらなる高度化に向けて

- 5.1 エネルギー方程式 ······································· 193
- 5.2 潤滑膜に適用したエネルギー方程式の有限要素定式化 ······· 195
- 5.3 熱流体潤滑問題へ ······································· 208

**引用・参考文献** ············································ 211

**索　　　　引** ············································· 213

## 付録 CD-ROM について

　本書には，本書の内容に関連した Fortran プログラムソースコードが CD-ROM に収録されています。具体的な使い方については 3 章と CD-ROM 内の readme_first を参照してください。
　実際に使用する際は，以下の点にご留意ください。
・本ソースコードを販売目的で使用することはできません。
・本ソースコードのコピーを他に流布することはできません。
・本ソースコードの改変は，営利目的でない限り自由です。
・本ソースコードを使用することによって生じた損害などについては，筆者ならびにコロナ社は一切の責任を負いません。

# 1 滑り軸受と軸受理論の基礎

　滑り軸受（slider bearing）とはなにか，動圧（hydrodynamic pressure, aerodynamic pressure）とはなにか，静圧（hydrostatic pressure, aerostatic pressure）とはなにか，またその圧力を利用した軸受（bearing）とはどのようなものであるかを，本書で解析の対象としているものを中心に説明する。軸受という日本語は回転軸を支持するものを連想させるが，bear という英語はなにかを保持する，支持するという広い意味をもっており，ベアリングは回転運動のみならず並進運動する物体の自重および外力を支持して円滑な運動を実現させる。

　このような軸受の理論，いわゆる潤滑理論の基礎は 1886 年にレイノルズによって確立された。ここでは，Dowson によって示された一般化レイノルズ方程式を紹介し，次いで本書で用いているレイノルズ方程式を説明する。特に，それぞれの式に付帯する前提条件や仮定に注意して，理解していただきたい。

　動圧軸受および表面絞り軸受における軸受すきま内の圧力は，レイノルズ方程式のみによって決定される。しかし，静圧軸受には軸受すきまに加圧流体を供給する孔などの一般的にいえば絞りが必須であり，軸受すきま内の圧力は，絞りの特性とレイノルズ方程式によって決定される。したがって，静圧軸受に必須の絞りについても説明する。

## 1.1　滑り軸受の原理と種類

### 1.1.1　潤滑と滑り軸受

　物体をある決められた方向に並進運動あるいは回転運動させるためには，必ずガイド（案内面）が必要である。**図 1.1** は並進運動の場合であるが，案内面

## 1. 滑り軸受と軸受理論の基礎

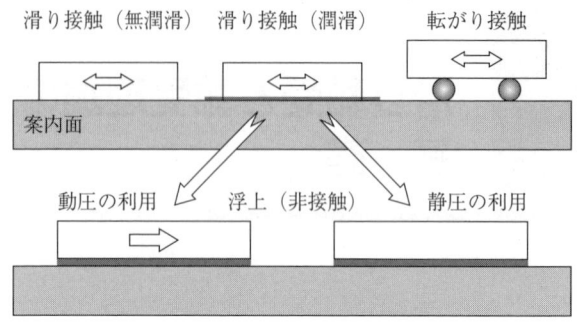

**図1.1** 円滑な運動の実現（並進運動の場合）

（guideway，slideway）に沿って物体を移動させるとき，固体同士が接触している無潤滑の滑り接触では摩擦（friction）の影響が大きく，円滑な運動は望めない。動きやすくするためには，水や油を注いだり，ころを入れたりすればよいことを人類は古くから知っていた。これが，後述するような実験的および理論的な研究成果を基に，現在の機械要素としての滑り軸受や転がり軸受（rolling bearing，rolling-contact bearing）となってきているわけである。

水や油を注ぐのは，摩擦を減らして動きやすくするためであり，同時に摩耗（wear）などを減らすことである。すなわち，水や油を潤滑剤（lubricant）とする潤滑（lubrication）である。図1.1の滑り接触（潤滑）のように潤滑を行うと，摩擦係数は，潤滑剤の粘っこさや滑り速度の大きさなどによって変化することが知られており，摩擦係数は軸受特性数（粘性係数と滑り速度の積を荷重または面圧で割ったもの）によって整理できることを，1902年にドイツのシュトリベック（R. Stribeck）が広範な実験から明らかにしている[1),2)]†。これをシュトリベック線図またはストライベック線図といい，**図1.2**のようなものである。図に示すように，軸受特性数に応じて摩擦係数の異なる三つの潤滑状態，すなわち境界潤滑（boundary lubrication），混合潤滑（mixed lubrication，thin film lubrication），そして流体潤滑（hydrodynamic lubrication，thick film lubrication）が存在する。

---

† 肩付数字は，巻末の引用・参考文献の番号を表す。

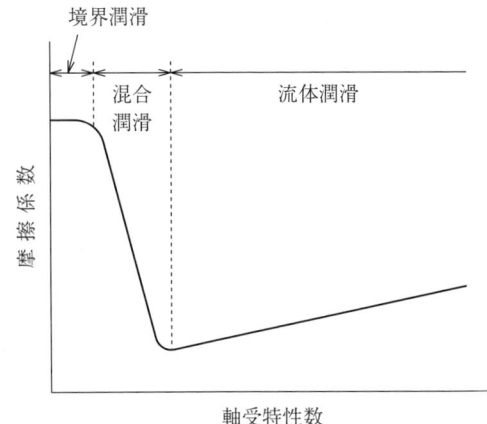

**図 1.2** シュトリベック線図

　流体潤滑とは，二つの固体間に存在する潤滑剤の膜（潤滑膜，lubrication film）によって固体同士が接触することのない状態であり，この場合の摩擦力は潤滑膜の粘性によるものとなる。したがって，ニュートンの粘性則より，摩擦力は潤滑膜のせん断速度，すなわち固体の滑り速度に比例する。固体同士の直接接触がないから摩耗はほとんど起こらず，粘性の小さい潤滑剤を用いれば摩擦係数も非常に小さい理想の潤滑状態である。流体潤滑状態では，潤滑膜が固体を支持しているわけであるから，潤滑膜には固体を支持するだけの圧力が発生していることになる。

　潤滑膜が，1.1.2 項で述べる動圧あるいは 1.1.3 項で述べる静圧によって負荷を支持するのであれば，これはもはや潤滑ではなく，図 1.1 の転がり接触におけるころや玉が潤滑膜に置き換わったベアリング，滑り軸受，と見ることができる。すなわち，潤滑膜に積極的に圧力が存在するようにして物体を支持する滑り軸受である。

　滑り軸受では，転がり軸受のころや玉の役割をするものとして，油と空気が広く用いられている。軸受の性能に及ぼす両者の違いは，主に以下のものが挙げられる。

(1) 油の粘性係数は空気の約 1 000 倍あり，摩擦が大きい。
(2) 油の粘性係数が大きいことは，せん断による発熱が大きい。

(3) 発熱によって油の粘性係数は低下し,軸受特性が大きく変化する。
(4) 油の発熱は周囲の熱変形を引き起こす。
(5) 油は圧力に対して非圧縮とみなされるが,空気は圧縮される。

なお,滑り軸受と同様に固体接触のない軸受として実用に供されているものに,磁力を利用した磁気軸受(magnetic bearing)がある。

### 1.1.2 動圧軸受の原理と種類

動圧については,1883年から1884年にかけて,イギリスの鉄道技師 B. Tower が,鉄道における軸受摩擦に関する一連の実験の中でこれを発見し,その測定を行っている[3),4)]。

この動圧が発生する原理を定性的に説明する。まず,図1.3は,流体力学で学ぶところの2種類の流れ,すなわちクェット流れ(Couette flow)とポアズイユ流れ(Poiseuille flow)である。前者は,一対の平行な壁の一方が静止していてもう一方が動いている場合で,壁に接している流体は粘性のために壁と

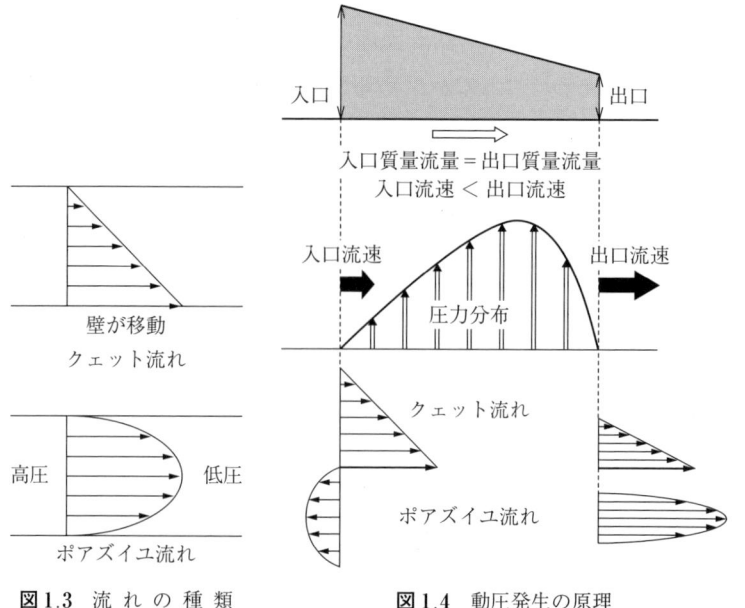

図1.3　流れの種類　　　　図1.4　動圧発生の原理

同じ速度で動くため，流れは紙面内のみの1次元流れとすると，図のような速度分布となる。壁の移動速度が大きいほど流量は増す。後者は，二つの壁は静止しているが圧力勾配が存在する場合で，圧力の高いほうから低いほうへ流れが生じ，同じく1次元流れとすると，図のような速度分布となる。圧力勾配が大きいほど流量は増す。

これを踏まえて**図1.4**を見ると，これはくさび状のすきまを形成する一対の壁があり，かつ一方の壁が動いている場合である。一方の壁が動いているので，流れはクェット流れと思われるが，そうではない。なぜなら，1次元流れとすると，クェット流れだけでは入口側も出口側も平均流速は等しいが，入口と出口の幅（すきま）が異なるため，それぞれの断面を横切る質量流量が等しくならなくなってしまうからである。したがって，質量流量が等しくなるためには，入口側の流速が低く出口側の流速が高くならなければならず，このためにはくさび状のすきま内に周囲よりも高い圧力が発生し，左下がりと右下がりの圧力勾配が生じなければならない。

理論的には1.1.3項で説明するが，動圧が発生する条件は，くさび状のすきまの先細り部分に向かって，壁の動きにつられて流体が引き込まれていくことである。これをくさび効果（wedge effect）と呼ぶが，自動車を運転する者であれば誰でも知っていなければならない，水たまりを走行中に氷上を滑走するようにコントロール不能となるハイドロプレーニング現象（aquaplaning）は，これが原因である。タイヤと地面とで形成されるくさび状のすきまに，タイヤの回転によって水が引き込まれ，その結果発生する動圧によって，1トン以上の車が浮き上がってしまう。

ちなみに，潤滑問題の理論的および実験的な基礎は1883年から1886年の間に，ロシアのN.P. Petrov[5]，イギリスのB. Tower，同じくイギリスのレイノルズ（O. Reynolds）[6]によって，3人がたがいを知ることなく，確立された[7]。Petrovは，滑り軸受の摩擦損失は潤滑油の粘性とせん断によるものとして摩擦力を定式化し，レイノルズは，潤滑油の動圧特性を表す微分方程式を示している。

**6    1. 滑り軸受と軸受理論の基礎**

さて，物体に特定の運動を行わせるためには，直交座標系で考えれば，そこに存在する並進と回転あわせて六つの自由度のうち五つを拘束しなければならない。図 1.5 に示すように，ある軸まわりの回転，ある軸に沿った並進それぞれの運動を行わせるためには，図中の矢印の方向の動きを拘束することになる。拘束したうえで円滑な運動を実現するために，ベアリングが必要となり，荷重方向から分類すれば，以下の二つになる。

(1)    ジャーナル軸受（journal bearing）またはラジアル軸受（radial bearing）

(2)    スラスト軸受（thrust bearing）またはアキシャル軸受（axial bearing）

一般に，回転運動においてはジャーナル軸受とスラスト軸受が必要であり，並進運動においてはスラスト軸受が必要である。

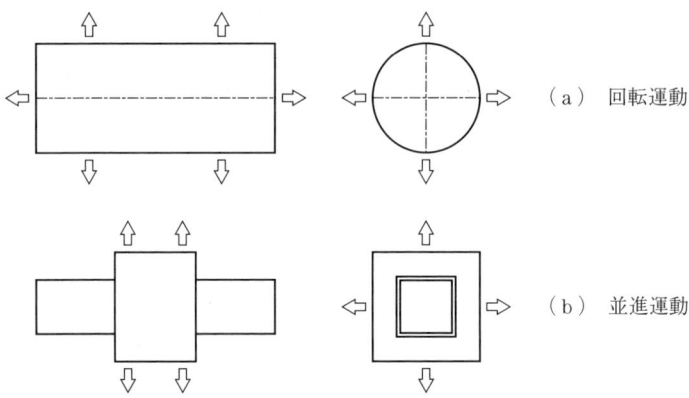

**図 1.5**　回転運動および並進運動における拘束すべき運動の方向

本書で対象としている，動圧を利用したジャーナル軸受形態を図 1.6 に示す。図（a）の真円軸受は軸受面の直角断面が円となっている。動圧が発生するのにくさび状のすきまが必要であるが，真円軸受の場合は，これを水平に設置すれば軸受内の軸は自らの重み（自重）によって下方へ偏心するため，回転始動時にはくさび状のすきまが形成されている。図（b）は，図（c）のマッケンゼン（Mackensen）軸受のようにして構造的に初めからくさび状のすきまが形成されているもので，複数の円弧の組合せからなる一般には多円弧軸受

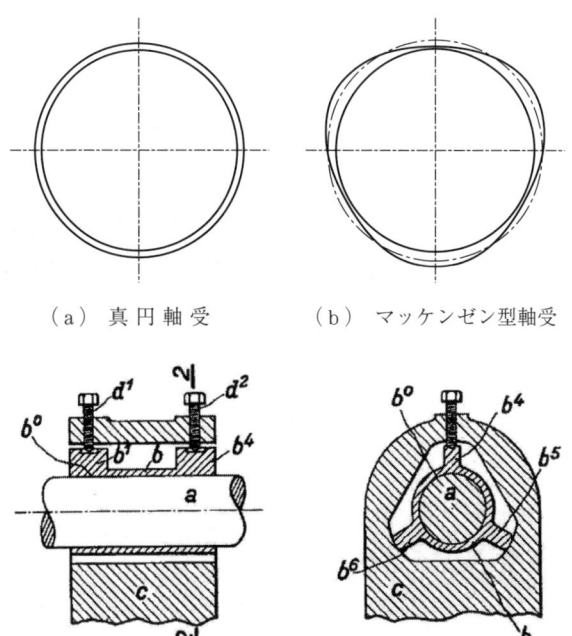

（a）真円軸受　　（b）マッケンゼン型軸受

（c）マッケンゼン軸受（米国特許 US1947559，1934年）

図1.6　代表的な動圧ジャーナル軸受形態

(multi-lobe bearing) の一種である．マッケンゼン軸受は，中空円筒の外側から円周方向120°間隔で中心に向かって弾性変形させ，おむすび形の軸受面形状をつくり出しているものである．詳細は4章で説明するが，解析プログラムにおいて図（a），（b）に基本的な違いはない．軸受すきまを定義している関数副プログラムのみが異なるだけである．その他，ティルティングパッド軸受，浮動ブッシュ軸受，スパイラル溝軸受などがある[8]．

図1.7は本書の対象となる動圧のスラスト軸受形態である．詳細は4章で説明するが，有限要素法を用いた解析では，軸受すきまを定義する式を変えてやれば，基本的にはいかなるすきま形状にも対応できる．ちなみに図（c）の右図はハードディスクのヘッドである．その他，ティルティングパッド軸受などがある．

*8*　　1．滑り軸受と軸受理論の基礎

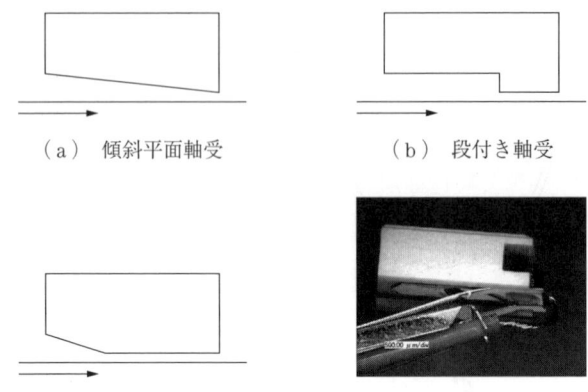

図 1.7　代表的な動圧スラスト軸受形態

### 1.1.3　静圧軸受の原理と種類

　静圧軸受とは，図 1.1 において，滑り運動を行う二つの物体の間に，加圧された液体や気体を強制的に供給して，その圧力で物体を支持するものである。ホバークラフトやエアーホッケーを思い起こしていただきたい。

　図 1.8 左図は，加圧した流体，いわゆる油圧や空気圧を供給孔（feed hole）を通して二つの物体の間に供給し，物体を浮上させている状態である。単に浮上させるだけであれば，供給圧力（supply pressure）を調節して，軸受すきま

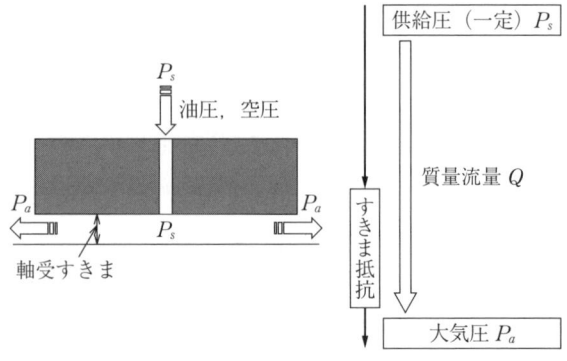

図 1.8　物　体　の　浮　上

内の圧力を面積積分して得られる力，すなわち軸受負荷容量（bearing load capacity）が浮上物体の重量と釣り合うようにすればよい．このとき，図1.8右図のように，加圧された流体の圧力は供給圧から大気圧（atmospheric pressure）まで低下するが，軸受すきま部の流体抵抗が最も大きいので，軸受すきまに接する供給孔出口の圧力は供給圧と等しいとみなすことができる．

ところが，供給圧が一定ならば供給孔出口圧も一定であるから，ある釣合い状態で浮上物体に負荷がかかると，負荷容量との釣合いがとれず，浮上物体の位置は定まらなくなってしまう．エアーホッケーのパックを押さえると，たやすく沈んでしまうのと同じである．すなわち，軸受である潤滑膜には剛性がない．機械要素としての軸受であるから，支持物体に必要とされる運動以外の運動がすべて最小となるよう，剛性をもっていなければならない．

ここで注意しなければならないことは，滑り軸受における剛性とは，液体や気体からなる潤滑膜自体の弾性的な性質（圧縮性）ではなく，負荷の変化に応じて，それを相殺するよう潤滑膜のもつ圧力が変化することである．すなわち，負荷によって軸受すきまが減少したら，潤滑膜の圧力が増加するということである．

負荷によって釣合い位置が変わらないというのは，負荷によって潤滑膜の厚さ，すなわち軸受すきまが変わらないということである．このとき，潤滑膜は無限の剛性をもっていることになる．図1.8の構造では，負荷が変わっても軸受すきまが変化しないよう，供給圧を調整すればよいが，実際的ではない．なぜなら，軸受すきまの大きさを検出して供給圧調整を行うという制御システムを組むことになり，さらに一般に供給孔は一つではないから，複雑かつコスト高となる．

実用的には**図1.9左図**のようにする．すなわち供給孔の出口に絞り（restrictor）を設ける．絞りとは，流れに直角な流路の断面積を小さくし，流れを絞るもので，絞りの上流側と下流側に圧力差が生じる．図1.9右図において，供給される流体は二つの抵抗を通過することになり，それぞれの抵抗で圧力降下が生じる．ただし，それぞれの抵抗を通過する質量流量は等しくなければなら

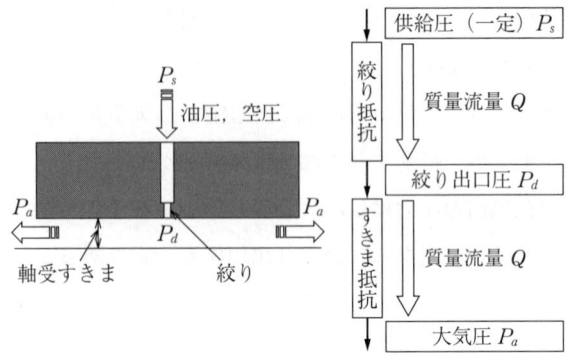

図 1.9　静圧軸受の原理

ない。したがって，供給圧が一定のとき，浮上物体に負荷が加わり軸受すきまが小さくなると，すきま抵抗が増加して通過する質量流量は減少する。一方，絞り抵抗を通過する質量流量も減少するので，供給圧が一定であるから絞り出口圧が上昇する。

　流量の釣合いから静圧軸受の原理を説明しているのが，**図 1.10** である。図中の右下がりの曲線が絞り単体の圧力-流量特性を示している。すなわち，絞り入口の圧力を一定の $P_s$ とすると，絞り出口の圧力 $P_d$ が入口の圧力に近づくほど絞りを通過する流量は減少し，入口と出口の圧力が等しくなると流量はゼロである。図中の右上がりの曲線は軸受すきまの圧力-流量特性を示している。すなわち，すきま出口の圧力 $P_a$ を一定とすると（通常は大気圧），絞り出口位置に相当する位置の圧力が高くなるほどすきまを通過する流量は増加する。こ

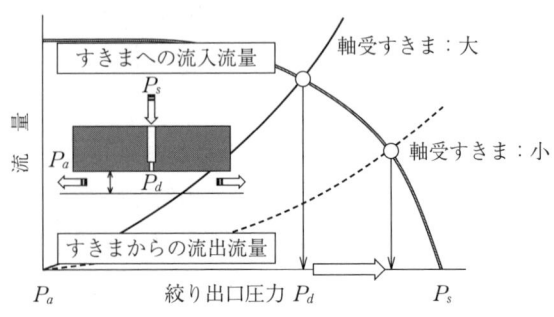

図 1.10　絞り出口圧力の変化

れら二つの曲線を重ね合わせたとき，それらの交点が流入流量と流出流量が等しくなる圧力，すなわち絞り出口圧力 $P_d$ となる。軸受すきまにおける圧力−流量特性は，軸受すきまの幾何学的寸法とすきま内の流体の流速によって決まり，その流速はすきま内の圧力分布に依存する。したがって，絞り出口圧力 $P_d$ はあらかじめ知ることのできる値ではない。

図1.10によって剛性についても説明する。軸受すきまの圧力−流量特性は軸受すきまの大きさにも依存する。負荷が加わって軸受すきまが小さくなるとすきまの流体抵抗は増加するから，圧力−流量特性は図中の破線のようになる。これと絞りの圧力−流量特性の曲線とが交わる点が新たな釣合い点となり，新たな絞り出口圧力となる。図から明らかなように，新たな絞り出口圧力は上昇し，軸受内の圧力が全体的に上昇して負荷を押し戻すことになる。負荷によって軸受すきまが小さくなると，すきま内部の圧力が上昇して基の位置に戻そうとするわけである。すなわち剛性をもつということである。

このような絞りの性質をもつものはいくつかあり，1.2.5項で説明する。

静圧を利用したジャーナル軸受およびスラスト軸受の場合は，基本的には動圧を発生させるようなくさび状のすきまを意図的に設ける必要はない。

**図1.11** は代表的な静圧ジャーナル軸受形態で，一つは，供給孔とリセス (recess) またはポケット (pocket) と呼ばれるくぼみがセットとなり（パッドと呼ぶ），これが複数配置されたものである。これは潤滑剤が液体の場合に用いられ，リセスは供給孔出口圧力と等しい圧力の範囲を広くして軸受負荷容量を増加させるためであり，また隣り合うパッドの間に排出溝を設ければ，相互の圧力の干渉がなくなる。もう一つは，図1.6の真円軸受に加圧した流体を供給するための孔が設けられたもので，潤滑剤として気体が用いられる場合の代表的な形態である。この場合，気体の圧縮性に起因する不安定現象（自励振動）の発生を避けるため，リセスを設けることはしない。気体の供給圧力は液体の場合より低いので，供給孔の数は液体の場合より多くなる。

静圧スラスト軸受の形状としては，**図1.12** のような矩形，環状，円形が代表的であり，図1.5のように，同一軸上で向い合せに使用する。静圧ジャーナル軸

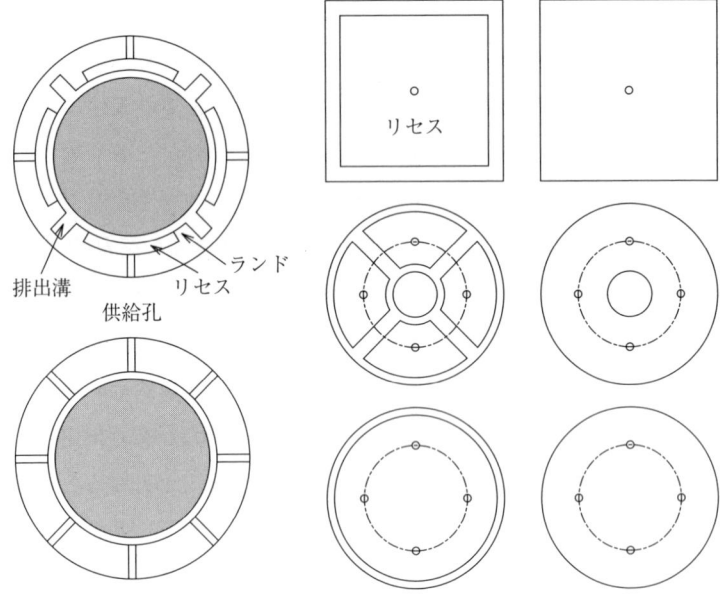

図1.11 代表的な静圧ジャーナル軸受形態

図1.12 代表的な静圧スラスト軸受形態

受と同様,供給される加圧流体が液体の場合はリセスを設けるのが一般である。

　図1.11と図1.12では加圧流体を孔を通じて供給しているが,静圧軸受に必須の絞りは,圧縮性が小さい液体の場合はこの供給孔の手前に,圧縮性が大きい気体の場合はこの供給孔の出口付近に組み込む。圧縮性に起因する不安定現象の発生に,絞りより下流の容積が影響を与えるからである。

　リセスは軸受すきま内の圧力が高い領域を広くする役割があるが,加圧された気体を用いる静圧軸受では,給気孔の数を多くすることがこれに相当する。その極限が図1.13に示す多孔質軸受である。これは多数の穴加工をしなくても済むということに加えて,つぎの利点もある。軸受すきま内の流体の圧力によって軸受すきま分だけ物体を浮上させているということは,そのすきま分だけ物体は動ける可能性があるということである。したがって,軸受すきまは可能な限り小さくしたい。ところが,詳細は省略するが,給気孔タイプの軸受では,軸受すきまを小さくすると給気孔径も小さくしないと高い剛性が得られな

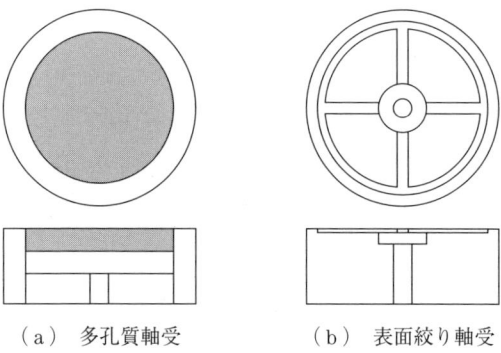

(a) 多孔質軸受　　　(b) 表面絞り軸受

**図 1.13**　多孔質軸受と表面絞り軸受

い。しかし，小さな直径の長い穴を加工するには限界がある。多孔質ならその限界がないというわけである。

同様な理由から，軸受面表面に非常に浅い溝を設け，絞りと同じ効果を得る軸受として表面絞りまたは面絞り（surface restriction）軸受がある。

なお，軸受形状を円すいや球にすれば，一つでジャーナル軸受とスラスト軸受の役割をもたせることができる。

## 1.2　滑り軸受理論の要約

### 1.2.1　一般化レイノルズ方程式

潤滑膜における圧力分布の支配方程式は，流体の運動方程式と連続の式から導かれる。ここで，以下を仮定する。

(1)　潤滑流体はニュートン流体である。

(2)　軸受の曲率半径は流体膜厚に比べて大きい。

(3)　流体の運動方程式において，慣性力と体積力の項は粘性と圧力の項に比べて小さい（流速が大きくなると慣性力の影響が表れてくるが，一般には無視できると考えられている。体積力とは，重力である）。

(4)　潤滑膜の厚みは他の寸法に比べて小さいので，$u$ と $v$ の $z$ に関する微分は他のすべての速度勾配に比べて大きい。

(5) 流体と境界壁との間には滑りがない。

仮定(2)のとき（レイノルズもこのように仮定している），図1.14のように潤滑膜は平面に展開することができる。図1.14に示す座標系において，二つの面1と面2の間に存在する流体に関して，時間を$t$，流体の密度を$\rho$，粘性係数を$\mu$そして$x, y, z$方向それぞれの流速を$u, v, w$とする。

仮定(4)，(5)のとき

$$u = U_1 + \frac{\partial \bar{p}}{\partial x}\int_0^z \frac{z}{\mu}dz + \left(\frac{U_2 - U_1}{F_0} - \bar{z}\frac{\partial \bar{p}}{\partial x}\right)\int_0^z \frac{dz}{\mu}$$

$$v = V_1 + \frac{\partial \bar{p}}{\partial y}\int_0^z \frac{z}{\mu}dz + \left(\frac{V_2 - V_1}{F_0} - \bar{z}\frac{\partial \bar{p}}{\partial y}\right)\int_0^z \frac{dz}{\mu}$$

ただし

$z=0$ において，　　$u = U_1$,　　$v = V_1$

$z=h$ において，　　$u = U_2$,　　$v = V_2$,　　$w = W_2$,　　$\rho = \rho_2$

$$\bar{p} = \frac{1}{h}\int_0^h pdz, \quad F_0 = \int_0^h \frac{dz}{\mu}, \quad \bar{z} = \frac{1}{F_0}\int_0^h \frac{z}{\mu}dz = \frac{F_1}{F_0}$$

と表され

$$\frac{\partial u}{\partial z} = \frac{z}{\mu}\frac{\partial \bar{p}}{\partial x} + \frac{1}{\mu}\left(\frac{U_2 - U_1}{F_0} - \bar{z}\frac{\partial \bar{p}}{\partial x}\right)$$

$$\frac{\partial v}{\partial z} = \frac{z}{\mu}\frac{\partial \bar{p}}{\partial y} + \frac{1}{\mu}\left(\frac{V_2 - V_1}{F_0} - \bar{z}\frac{\partial \bar{p}}{\partial y}\right)$$

である。これらを連続の式を$z$について0から$h$まで積分した式に代入すると，次式の一般化レイノルズ方程式が得られる[9]。

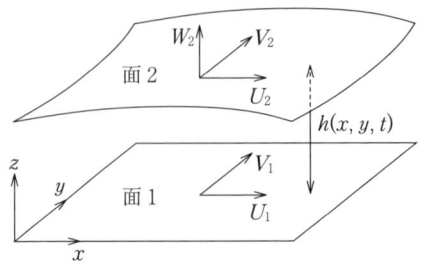

図1.14　軸受すきまに関する座標系

$$\frac{\partial}{\partial x}\left[(F_2+G_1)\frac{\partial \overline{p}}{\partial x}\right]+\frac{\partial}{\partial y}\left[(F_2+G_1)\frac{\partial \overline{p}}{\partial y}\right]$$
$$=h\left[\frac{\partial(\rho_2 U_2)}{\partial x}+\frac{\partial(\rho_2 V_2)}{\partial y}\right]-\frac{\partial}{\partial x}\left[\frac{(U_2-U_1)(F_3+G_2)}{F_0}+U_1 G_3\right]$$
$$-\frac{\partial}{\partial y}\left[\frac{(V_2-V_1)(F_3+G_2)}{F_0}+V_1 G_3\right]+\int_0^h \frac{\partial \rho}{\partial t}dz+\rho_2 W_2 \qquad (1.1)$$

ここで

$$F_2=\int_0^h \frac{\rho z}{\mu}(z-\overline{z})dz, \qquad F_3=\int_0^h \frac{\rho z}{\mu}dz$$

$$G_1=\int_0^h\left[z\frac{\partial \rho}{\partial z}\left(\int_0^z \frac{z}{\mu}dz-\overline{z}\int_0^z \frac{dz}{\mu}\right)\right]dz,$$

$$G_2=\int_0^h\left[z\frac{\partial \rho}{\partial z}\int_0^z \frac{dz}{\mu}\right]dz, \qquad G_3=\int_0^h z\frac{\partial \rho}{\partial z}dz$$

なお，1886 年にレイノルズが導出した微分方程式は次式である．

$$\frac{\partial}{\partial x}\left(h^3 \frac{\partial p}{\partial x}\right)+\frac{\partial}{\partial y}\left(h^3 \frac{\partial p}{\partial y}\right)=6\mu\left[(U_1+U_2)\frac{\partial h}{\partial x}+2W\right]$$

レイノルズは同時に，$W$ によるスクイーズ効果，$\partial h/\partial x$ によるくさび効果，$\partial p/\partial y=0$ の無限幅軸受の概念，くさびの出口のすきまと入口のすきまとの最適な比，キャビテーションを考慮した境界条件，粘性係数 $\mu$ と温度との関係なども明らかにしている．

### 1.2.2 非圧縮性レイノルズ方程式

式 (1.1) に対して，以下を仮定する．
(1) 密度 $\rho$ および粘性係数 $\mu$ は $z$ の関数ではない．
(2) $\mu$ は一定である．
(3) 面の速度 $U_1$, $U_2$, $V_1$, $V_2$ は一定で，$W_1=W_2=0$ である．
(4) $\rho$ は $t$ の関数ではない．
(5) $z=h$ における流速 $u$ および $v$ は 0，すなわち $U_2=V_2=0$ である．
(6) 軸受すきまは小さいので，$z$ 方向（すきま方向）の圧力は一定である．

このとき，式 (1.1) は次式となる．

$$\frac{\partial}{\partial x}\left(\frac{\rho h^3}{12\mu}\frac{\partial p}{\partial x}\right)+\frac{\partial}{\partial y}\left(\frac{\rho h^3}{12\mu}\frac{\partial p}{\partial y}\right)=\frac{U_1}{2}\frac{\partial(\rho h)}{\partial x}+\frac{V_1}{2}\frac{\partial(\rho h)}{\partial y} \quad (1.2)$$

さて，非圧縮性流体では流体の密度 $\rho$ は一定とみなすので，上式は

$$\frac{\partial}{\partial x}\left(h^3\frac{\partial p}{\partial x}\right)+\frac{\partial}{\partial y}\left(h^3\frac{\partial p}{\partial y}\right)=6\mu\left[U\frac{\partial h}{\partial x}+V\frac{\partial h}{\partial y}\right] \quad (1.3)$$

となる．本項の仮定（3）から，添字は省略した．式 (1.3) が本書における非圧縮性流体を用いた滑り軸受の支配方程式である．

同式において，右辺が 0 の場合は圧力が発生しないことを確認してみる．例えば，軸受すきまが平行（$h=$一定）な場合である．$y$ 方向の長さが無限の無限幅軸受とすれば式 (1.3) は

$$h^3\frac{d^2p}{dx^2}=0$$

であり，一般解は

$$p=C_1 x+C_2$$

となる．これに，境界条件として，無限幅軸受の長さ $L$ の両端が大気圧 $p_a$，すなわち $p(0)=p_a$, $p(L)=p_a$ を適用すれば，$p=p_a$ が得られ，レイノルズ方程式の右辺が 0 の場合には，動圧は発生しないことがわかる．

### 1.2.3　圧縮性レイノルズ方程式

式 (1.2) において，圧縮性流体（気体）の場合は密度 $\rho$ が圧力 $p$ と温度 $T$ の関数と考えられる．ボイル・シャルルの法則である．気体として空気を考え，これを理想気体とみなせば，単位質量当りの状態方程式は，$R$ を気体定数として

$$\frac{p}{\rho}=RT$$

である．あるいはポリトロープ変化（$n$：ポリトロープ指数）とすれば

$$\frac{p}{\rho^n}=\text{const.} \quad (1.4)$$

である。$n=1$ の等温変化であれば，これら二つの式は同じであり，大気圧下の値を添字 $a$ で示せば

$$\frac{p}{\rho} = \frac{p_a}{\rho_a}, \quad \rho = p\frac{\rho_a}{p_a}$$

と表すことができる。

軸受すきま内は等温変化とみなせることが知られているので，これを式(1.2)に代入して整理すると

$$\frac{\partial}{\partial x}\left(h^3\frac{\partial p^2}{\partial x}\right) + \frac{\partial}{\partial y}\left(h^3\frac{\partial p^2}{\partial y}\right) = 12\mu\left[U\frac{\partial(ph)}{\partial x} + V\frac{\partial(ph)}{\partial y}\right] \quad (1.5)$$

が得られる。

式(1.5)が本書における圧縮性流体を用いた滑り軸受の支配方程式である。

### 1.2.4 潤滑膜の境界条件

圧縮性，非圧縮性にかかわらず，レイノルズ方程式を解くにあたっての一般的な境界条件として，**図 1.15** に示すような，以下の条件が考えられる。

(1) 境界を横切る流出流量が規定されている。
(2) 境界を横切る流入流量が規定されている。
(3) 境界上の圧力が規定されている。
(4) 境界を横切る流れがない。

しかしながら，(1)のような軸受すきまから流出する流量が規定されていることは，実際にはまずない。(2)のように軸受すきまに流入する流量が規定されていることも，同様である。実際的なのは(3)と(4)であり，軸受端が大気など

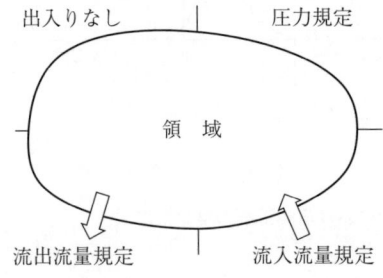

**図 1.15** 一般的な境界条件

**18**　1. 滑り軸受と軸受理論の基礎

に開放されていれば，境界の圧力は大気圧であると規定される。(4)は境界条件ではないかもしれないが，境界を横切るような流れの出入りがない場合で，熱伝導問題でいえば断熱に相当する。この場合には，境界上の節点になにも条件を与えなければよい。

動圧軸受の場合，1.1.2項で説明したように，流体が先細りになったすきまに引き込まれると圧力が発生する。すなわち，式(1.3)の右辺のすきまの勾配が負の場合である。では，すきまの勾配が正の場合はどうなるのか。図1.6に示したジャーナル軸受については，すきまの勾配には正の部分と負の部分がある。

軸受すきまが完全に流体で満たされていると仮定し，1.2.1項の仮定(2)から円筒面を最大軸受すきまの位置で切り開いて平面に展開し，レイノルズ方程式を解くと，**図1.16**(a)のような圧力分布が得られる。このときの境界条件として，切り口を大気圧と規定している。この境界条件はゾンマーフェルト（Sommerfeld）の条件と呼ばれ，軸受すきまが狭くなる半周は圧力が大気圧以上（大気圧を基準とする圧力をゲージ圧ということから，大気圧以上の圧力を

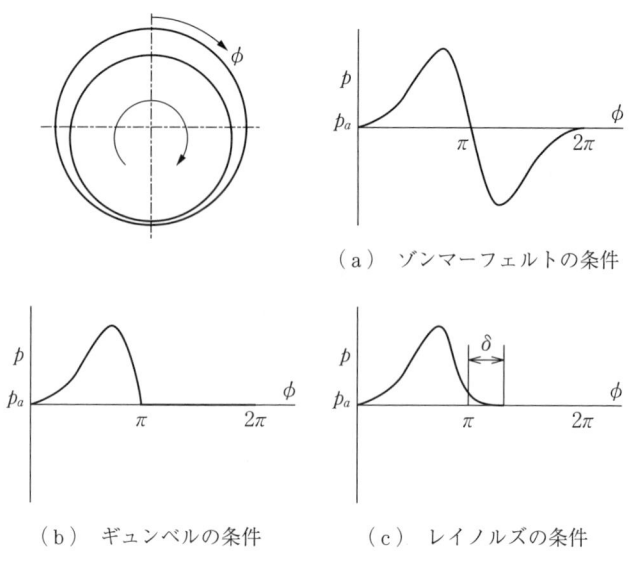

(a) ゾンマーフェルトの条件

(b) ギュンベルの条件　　(c) レイノルズの条件

**図1.16** 動圧軸受における潤滑膜の境界条件

正圧と呼んでいる）となり，軸受すきまが広くなる半周は大気圧以下（負圧）となり，両者の絶対値は等しいという結果が得られる．流れの連続性を考えると，$\pi$ の位置での圧力勾配は等しくなければならないから，正圧から負圧に連続的に変化するのは理にかなっている．

ところが，この負圧が大きくなると，流体に溶け込んでいた空気が遊離して気泡となる現象，すなわちキャビテーション（cavitation）が発生する．この状況下では，軸受すきまが流体で満たされているという仮定は成り立たなくなり，したがって，レイノルズ方程式が成立しなくなる．

このことを考慮したのが，図1.16（b）のギュンベル（Günbel）の条件またはハーフ・ゾンマーフェルト条件である．ここでは，潤滑膜の破断を考えないゾンマーフェルトの条件で計算した結果から，正圧のみを考慮し，負圧は大気圧とおく．

図（c）のレイノルズの条件またはスウィフト・スティーバー（Swift-Stieber）の条件は，圧力および圧力勾配が同時に0となる位置を求め，ここまでが流体で満たされていると考えるものである．ギュンベルの条件では潤滑膜終端での流量が不連続となるので，これを修正したものであるが，潤滑膜終端の位置を決める必要がある．しかし，その位置$\delta$を求めるのは困難である．

なお，静圧軸受では一般に，軸受すきま内が大気圧以下の負圧になることはないと考えられる．

### 1.2.5 絞 り

静圧軸受では，軸受に剛性を付与するために，絞りを設けるか絞りと同じ効果が得られるように工夫する必要がある．

**図1.17**は，液体を用いる静圧軸受における代表的な絞り[10), 11)]である．

毛細管（capillary）絞りの圧力$P$-流量$Q$（体積流量）特性は，粘性係数を$\mu$として

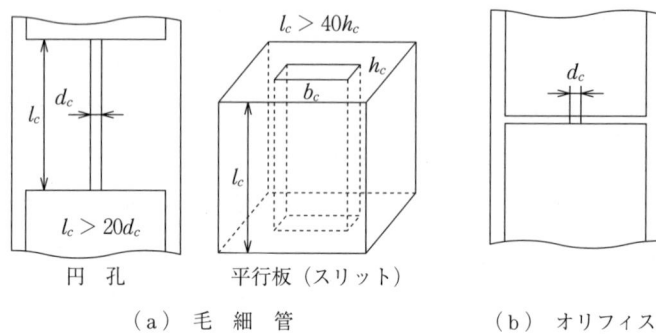

図 1.17 非圧縮性流体静圧軸受用の代表的な絞り

$$Q = \frac{R_c}{\mu} \Delta P$$

ただし，円孔毛細管では，円孔径を $d_c$，長さを $l_c$ として

$$R_c = \frac{\pi d_c^4}{128 l_c}$$

平行板では，すきま幅を $b_c$，すきまを $h_c$，長さを $l_c$ として

$$R_c = \frac{b_c h_c^3}{12 l_c}$$

オリフィス（orifice）絞りの圧力 $P$-流量 $Q$（体積流量）特性は，$\alpha$ を流量係数，$A_o$ をオリフィスの断面積，流体の密度を $\rho$ として

$$Q = \alpha A_o \sqrt{\frac{2}{\rho} \Delta P}$$

である。$\alpha$ は 0.6〜0.8 である。

気体を用いる静圧軸受の場合，気体の圧縮性に起因する不安定現象の発生を抑制するために，絞りは可能な限り軸受すきまのそばに設ける必要がある。そのため，通常の絞りに加えて，絞りと同じ効果が得られるものが考案されている。

一般に気体がノズルを通過する質量流量 $m$ は，断熱過程として扱うと，次式で与えられる。

$\dfrac{p_r}{p_s} \geqq \left(\dfrac{2}{\gamma+1}\right)^{\frac{\gamma}{\gamma-1}}$ の場合

$$m = C_D A p_s (RT_s)^{-\frac{1}{2}} \left[\dfrac{2\gamma}{\gamma-1}\left\{\left(\dfrac{p_r}{p_s}\right)^{\frac{2}{\gamma}} - \left(\dfrac{p_r}{p_s}\right)^{\frac{\gamma+1}{\gamma}}\right\}\right]^{\frac{1}{2}} \quad (1.6\text{a})$$

$\dfrac{p_r}{p_s} < \left(\dfrac{2}{\gamma+1}\right)^{\frac{\gamma}{\gamma-1}}$ の場合

$$m = C_D A p_s (RT_s)^{-\frac{1}{2}} \left[\dfrac{2\gamma}{\gamma+1}\left(\dfrac{2}{\gamma+1}\right)^{\frac{2}{\gamma-1}}\right]^{\frac{1}{2}} \quad (1.6\text{b})$$

ただし，$p_r$ はノズル（供給孔）出口圧力，$p_s$ は供給圧力，$A$ はノズルの断面積，$R$ は気体定数，$T_s$ は給気温度，$\gamma$ は比熱比，$C_D$ は流量係数である．式 (1.6b) は，圧力によらず流量が一定となることを示している．これは，圧縮性流体の場合に生じる閉塞またはチョーク（choking）と呼ばれる現象のためである．**図 1.18** に流量係数 $C_D$ と圧力比 $p_r/p_s$ との関係を示す．

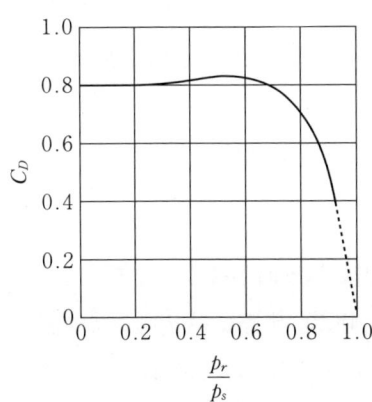

**図 1.18** 流量係数 $C_D$

ところで，気体の静圧軸受では，軸受すきま $h$ は 5 μm から 20 μm ほどで，孔を通じて気体を供給する場合の穴径 $d$ は 0.2 mm から 0.5 mm ほどである．ドリルで小径の穴加工する場合，工具の強度が低いことから深穴を加工できないため，**図 1.19** 上図のようになることが多い．一見すると，直径 $d$ の部分がオリフィス絞りのようである．絞りの役目は，流れに直角な断面積を小さくし

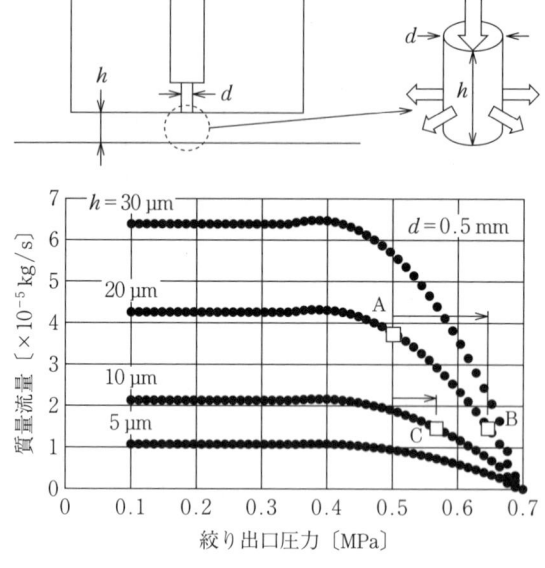

**図 1.19** 自 成 絞 り

て，文字どおり流れを絞ることであるが，破線で囲った部分に直径 $d$，長さ $h$ の円筒を仮想して，円筒の端面から流入した気体が円筒表面から放射状に軸受すきまに流れ出ると考えると，$h$ が小さいため，この円筒外表面が最小の面積となる場合がある。すなわち，それぞれの面積は

$$A = \frac{\pi d^2}{4}, \quad A = \pi dh$$

であるから，$d/4 > h$ ならば，円筒外周面が絞りとなる。このような絞りを自成絞り（inherent restrictor）と呼ぶ。実際には $d/4 > h$ を満たすことが多く，設計仕様を満足する小径穴を加工するだけで済む。

自成絞りの場合，その圧力-流量特性は，軸受すきま $h$ にも依存するため，絞りの圧力-流量特性曲線が図 1.10 のように 1 本ではなく，$h$ をパラメータとする複数本となる。すなわち，図 1.19 下図に示すように，最初の $h$ が 20 μm で流量の釣合い点が A であるとすると，負荷によって $h$ が 10 μm になると，絞りの面積も変化するために，流量の釣合い点は B ではなく，C となる。し

たがって，オリフィス絞りのような特性が固定されたものより，軸受すきまの変化に対するすきま内の圧力変化がAからBではなく，AからCと小さくなる傾向にあることがわかる。このように，オリフィス絞りのほうが高い剛性が得られるが，$d/4 < h$を満足しなければならないから，製作は難しくなる。

多孔質絞りは，多くの微細な連通気孔をもった材料を用いて，軸受すきまに流体を供給するもので，焼結金属，セラミックス，カーボンなどが用いられている。これら材料の圧力-流量特性は，ダルシー（Darcy）の法則[12]に従うと考えられている。その法則とは，多孔質体を流れる流体の単位面積当りの体積流量あるいは流速が

$$u = -\frac{k_x}{\mu}\frac{\partial p}{\partial x}, \quad v = -\frac{k_y}{\mu}\frac{\partial p}{\partial y}, \quad w = -\frac{k_z}{\mu}\frac{\partial p}{\partial z}$$

または，単位面積当りの質量流量が

$$m_x = -\frac{k_x}{\mu}\rho\frac{\partial p}{\partial x}, \quad m_y = -\frac{k_y}{\mu}\rho\frac{\partial p}{\partial y}, \quad m_z = -\frac{k_z}{\mu}\rho\frac{\partial p}{\partial z}$$

で与えられるというものである。ここで，$k_x$, $k_y$, $k_z$は，それぞれの方向の透過率，浸透率，通気率または伝導率（permeability coefficient）と呼ばれている。この値は多孔質体の構造に依存するため実験的に定める必要がある。

密度$\rho$が圧力$p$の関数となる圧縮性流体では，式 (1.4) のポリトロープ変化を仮定すると，単位面積当りの質量流量として

$$m_x = -\left(\frac{1}{p_a}\right)^{\frac{1}{n}}\rho_a\frac{n}{1+n}\frac{k_x}{\mu}\frac{\partial p^{\frac{1+n}{n}}}{\partial x},$$

$$m_y = -\left(\frac{1}{p_a}\right)^{\frac{1}{n}}\rho_a\frac{n}{1+n}\frac{k_y}{\mu}\frac{\partial p^{\frac{1+n}{n}}}{\partial y},$$

$$m_z = -\left(\frac{1}{p_a}\right)^{\frac{1}{n}}\rho_a\frac{n}{1+n}\frac{k_z}{\mu}\frac{\partial p^{\frac{1+n}{n}}}{\partial z},$$

と表される。ダルシーの法則は固体内を熱が流れる場合のフーリエの法則と同じ形をしている。したがって，流体の流れが一方向であれば，流れの途中で透過率が異なっていても，熱通過の考え方と同じで熱通過率に相当する全体の透

過率が定義できる（**図1.20**）。

$$\overline{k} = \frac{\sum_{n=1}^{N} l_n}{\sum_{n=1}^{N} \frac{l_n}{k_n}}$$

この考え方は，加工により多孔質体表面が目づまりして多孔質体内部とは透過率が異なっていても，多孔質体全体の透過率（見かけの透過率）を用いることができることを意味している。

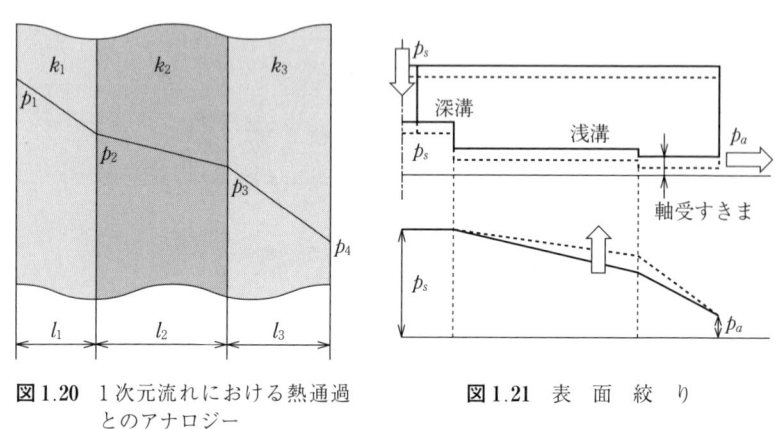

図1.20　1次元流れにおける熱通過とのアナロジー

図1.21　表　面　絞　り

基本的な表面絞りは，供給孔出口の圧力は一定のままで，軸受すきま内の圧力が変化する。**図1.21**において，一定の圧力で軸受すきま内の深溝に供給された流体の圧力は，供給圧力$p_s$に等しいと考えられ，外側へ向かって大気圧$p_a$まで減少する。途中には，軸受すきまと同程度の浅い溝が彫られている。浅溝部と軸受すきま部における流量は等しいから，すきまの広い浅溝部の圧力勾配は小さい。この状態を実線だとすると，支持物体が点線のように沈んだ場合，流出流量は減少するから，圧力勾配が緩くなるよう，浅溝と軸受すきまの境の圧力は上昇しなければならない。

# 2 数値解析のための準備と有限要素法の利用

　本書のプログラムを実行するためには，コンパイラが必要である。これについて説明するとともに，利用すると便利な数値計算ライブラリについても説明する。なお，以下に示すURLなどの情報は2011年3月現在のものである。

　プログラムはフォートラン言語で記述されており，解析方法としては有限要素法を用いている。有限要素法（finite element method, FEM）のルーツは，弾性体を多数のばねに置き換えて変形を計算するという剛性マトリックス法と考えられるが，より精密な近似解析法であるということが認められてきており，さまざまな定式化の手法が考案されて，構造解析のみならず熱伝導や流体力学など広範な工学的問題に適用できるようになっている。

　有限要素法を用いた解析では，コンピュータによって数値解を得るわけであるから，入力用の数値データと出力される数値データがある。すなわち，必要とする数値について，プリプロセッシング（事前の処理）とポストプロセッシング（事後の処理）が必要となる。特に，有限要素法の概念からして，入力データの準備がたいへんである。また，結果の可視化も必要である。

## 2.1 フォートランコンパイラと数値計算ライブラリ

### 2.1.1 フォートランコンパイラ

　高級プログラミング言語の一つであるフォートラン言語で記述されたプログラムは，テキストエディタなどを用いて作成する。これはソースファイルと呼ばれるテキストファイル（フォートラン言語で書かれた文書）で，その形式は

Fortran77 の時代までの固定プログラム形式と Fortran90 の時代からの自由プログラム形式がある．いずれにせよ，ソースファイルから実行形式のファイルを得るためには，コンパイラというプログラムが必要となる．コンパイラには，Windows のコマンドプロンプト画面上で動作する Windows 版と Unix や Linux で動作するものがあり，コンパイラのみならず，フォートランにかかわる多くの情報がペンシルベニア州立大学の H.D. Knoble 氏のウェブサイト

　　　http://www.personal.psu.edu/hdk/fortran.html

にまとめられている．

　表 2.1 および表 2.2 は，筆者が使用してきているコンパイラと数値計算ライブラリの一覧であり，本書のプログラムは，同表のコンパイラとライブラリで動作することを確認している．

表 2.1　フォートランコンパイラと数値計算ライブラリ（Windows）

| | コンパイラ | ライブラリ |
|---|---|---|
| 非商用 | G95 | LAPACK |
| 商　用 | Compaq Visual Fortran | IMSL |
| | Intel Visual Fortran | IMSL |

表 2.2　フォートランコンパイラと数値計算ライブラリ（Unix/Linux）

| | コンパイラ | ライブラリ |
|---|---|---|
| 非商用 | GNU Fortran（Cygwin） | LAPACK |
| | Intel Fortran Compiler for Linux（Ubuntu） | MKL |
| 商　用 | HP Fortran（HP-UX） | SSL II |
| | 富士通 Fortran & C Package 64（Red Hat Linux） | SSL II |

(a)　　G95　　http://www.g95.org/ からフリーで入手することができる．ここにはさまざまなプラットフォームで使用できるコンパイラが用意されている．Windows 版は g95-MinGW.exe または g95-MinGW-41.exe をダウンロードする．

(b) Intel Visual Fortran　　Compaq Visual Fortran は Windows 環境で使用できるが，現在は販売されておらず，その後継が Intel Visual Fortran である．購入するならば，数値計算ライブラリ IMSL も購入するのが望ましい．

(c) GNU Fortran　　Unix ライクなフリーのオペレーティングシステムとして，GNU というものが開発されてきており，そのコンパイラコレクション（GCC）の一つである．したがって，これを利用するためには GNU 環境を構築しなければならないが，Windows 上に Linux ライクな環境を構築できる Cygwin を利用すると簡単である．Cygwin にはこのコンパイラも含まれており

　　　　http://www.cygwin.com/

から入手することができる[†]．

　インストールの詳細は，「Windows に Cygwin バージョン 1.7 をインストール」

　　　　http://www.kkaneko.com/rinkou/cygwin/cygwin.html

が参考になる．

(d) Intel Fortran Compiler for Linux　　Windows 版は商用であるが，Linux 版はフリーで数値計算ライブラリも含まれており

　　　　http://software.intel.com/en-us/articles
　　　　　　/non-commercial-software-development/

から入手することができる．

　使用には Linux 環境が必要となるが，Ubuntu におけるインストール方法が

　　　　http://software.intel.com/en-us/articles
　　　　　　/using-intel-compilers-for-linux-with-ubuntu/

に示されている．ほぼ同じ説明が「Intel コンパイラのインストール」と題して

---

[†] 本書に掲載される URL については，編集当時のものであり，変更される場合がある．

28　　2. 数値解析のための準備と有限要素法の利用

http://tech.ckme.co.jp/icc.shtml

にもある．したがって，Ubuntu をインストールした環境でこのコンパイラを使用するのは容易である．Windows 環境を好むのであれば，Windows ユーザのための Ubuntu インストーラである Wubi で Windows と Ubuntu をデュアルブートできるようにすればよい．これは

http://wiki.ubuntulinux.jp/UbuntuTips/Install/WubiGuide

から入手することができる．

(e)　HP Fortran　　本書のプログラム開発は，当初，HP-UX をオペレーティングシステムとするワークステーションで，このコンパイラと数値計算ライブラリ SSL II を使用して行われた．商用であるから，使い方の詳細は付属のマニュアルを参照いただきたい．

(f)　富士通 Fortran & C Package 64　　Red Hat Enterprise Linux の 64 ビットワークステーションで利用している．商用であるから，使い方の詳細は付属のマニュアルを参照いただきたい．

### 2.1.2　数値計算ライブラリ

有限要素法によるプログラムにはソルバと呼ばれるルーチンがある．これは多元の連立方程式の解を求める部分で，ここのプログラミングの良し悪しが計算速度に大きな影響を与える．解き方にはさまざまな方法があり，教科書的な一般的解法よりも，解くべき連立方程式の性質に適した解法を用いるべきであり，このため数値計算ライブラリの利用が望ましい．

(a)　LAPACK（Linear Algebra PACKage）　　行列およびベクトルの基本的な演算を行うサブプログラムである BLAS（Basic Linear Algebra Subprograms）を用いて，線形代数の問題を解くためのライブラリである．これらは

http://www.netlib.org/lapack/

からソースファイルとしてフリーで入手できるが，Fortran77 で書かれた最初のバージョンが公開されたのが 1992 年で，当時の科学技術計算は

大型計算機やUnixワークステーションで行われていた。このような背景から，Unix/Linux上で，圧縮されたソースファイルの解凍，メイク（コンパイル，ビルド）によるバイナリのライブラリ作成，インストールなどを行い，Unix/Linux上でこのライブラリを利用することになる。また，BLASをコンピュータアーキテクチャに応じて最適化できるものにATLAS（Automatically Tuned Linear Algebra Software）とgotoBLAS，gotoBLAS2がある。

　上記の作業はかなり煩雑でうまくいかない場合も多いが，Windows上にLinuxライクな環境を構築できるCwgwinを利用する場合においては，その詳細は，「WindowsでLAPACKバージョン3.3.0をビルドとインストール（Windows上のCygwinを使用）」

　　　http://www.kkaneko.com/rinkou/cygwin/lapack.html

「WindowsでATLASバージョン3.9.25をビルドとインストール（Windows上のCygwinを使用）」

　　　http://www.kkaneko.com/rinkou/cygwin/atlas.html

「WindowsでGotoBLAS2バージョン1.13とCBLASをビルドとインストール（Windows上のCygwinを使用）」

　　　http://www.kkaneko.com/rinkou/cygwin/cblas.html

にていねいな説明がなされている。

(b)　IMSL（International Mathematics and Statics Library）　　C，C#，Java，Fortran言語などで利用可能な数値計算や統計解析用のVisual Numerics社の商用ライブラリである。

(c)　MKL（Math Kernel Library）　　Intel社の商用ライブラリで，BLASやLAPACKがコアとなっている。ただし，前述の非商用のLinux用コンパイラにも含まれている。

(d)　SSL II（Scientific Subroutine Library II）　　富士通社の商用ライブラリである。

以上，本書のプログラムの動作確認が行われている表2.1と表2.2を説明し

た．コンピュータのオペレーティングシステムの習熟度および予算から，コンパイラと数値計算ライブラリについて，つぎのように使い分ければよいであろう．

(a) Windows ユーザで商用ソフトウェアを使用しない場合

1) G95 のみを利用する．

2) G95 と LAPACK を利用する．この場合，Windows 用の LAPACK ライブラリを自分で作成するのは容易ではないので，Windows 用にコンパイル済みの BLAS と LAPACK のダイナミックリンクライブラリ (DLL) を利用するのが簡単である．これら DLL を c:¥windows¥system32 に置いておけばよい．これらは

　　　http://mingw-cross.sourceforge.net/

から入手することができる．同様なものは

　　　http://www.stanford.edu/~vkl/code/libs.html

　　　http://www.fi.muni.cz/~xsvobod2/misc/lapack/

からも入手することができる．

(b) Unix / Linux ユーザで商用ソフトウェアを使用しない場合

1) Cygwin 上で，GNU Fortran のみを使用する．

2) Cygwin 上で，GNU Fortran と LAPACK を使用する．ATLAS または gotoBLAS2 で最適化も可能である．

3) Ubuntu 上で，Intel Fortran Compiler for Linux と MKL を使用する．

### 2.1.3　コンパイラコマンドとコマンドオプション

2.1.2項に示したコンパイラと数値計算ライブラリを使用する場合，**表 2.3** が基本のコンパイルコマンドとコマンドオプションとなる．表 2.3 とは CPU が異なる場合やオプションの詳細は，それぞれのマニュアルを参照されたい．

表 2.3 ではソースファイルの拡張子は .f となっているが，例えば G95 コンパイラは，.f, .F, .for, .FOR は固定プログラム形式，.f90, .F90, .f95, .F95 は自由プログラム形式と認識する．他のコンパイラもほぼ同様である．

## 2.1 フォートランコンパイラと数値計算ライブラリ

**表 2.3** コンパイルコマンドとコマンドオプション
（IA-32 プロセッサ，Pentium 4 の例）

| G95 コンパイラ |
|---|
| g95　　*.f |
| g95　　*.f　c:¥windows¥system32¥blas.dll　c:¥windows¥system32¥lapack.dll |

| Compaq Visual Fortran コンパイラ |
|---|
| f77　　/arch:host　/tune:host　/fast　/optimize:4　*.f |
| f77　　/arch:host　/tune:host　/fast　/optimize:4　*.f |

| Intel Visual Fortran コンパイラ |
|---|
| ifort　/O3　/QaxN　*.f |
| ifort　/O3　/QaxN　%F90FLAGS%　*.f　%LINK_F90% |

| GNU Fortran コンパイラ |
|---|
| gfortran　*.f |
| gfortran　*.f　−lblas　−llapack |

| Intel Fortran Compiler for Linux コンパイラ |
|---|
| ifort　*.f |
| ifort　*.f　−mkl |

| HP Fortran コンパイラ |
|---|
| f77　*.f |
| f77　*.f　−lssl2 |

| 富士通 Fortran & C Package 64 コンパイラ |
|---|
| frt　*.f |
| frt　*.f　−SSL2 |

〔注〕 各欄の上段は数値計算ライブラリを利用しない場合，下段は利用する場合で，必要なソースファイルのみがすべて同一フォルダ（ディレクトリ）に置かれている場合である（＊はワイルドキャラクタである）。

Unix または Linux 上でプログラムを実行して得られた結果は，通常テキストファイルとして保存される。このファイルを Windows 上で開く際に注意しなければならないのは，改行コードの違いである。Windows マシンと Unix/Linux マシンとの間のファイル転送，すなわち異 OS 間のファイル転送には，通常 FTP クライアントプログラムを利用する（例えば WinSCP）が，転送ファイルをテキストファイルと指定すれば，自動的に改行コードも変換される。同一マシンで Windows と Linux が共存している場合は，例えば Cygwin では，Unix から Windows へは unix2dos コマンド，その逆は dos2unix コマンドで変換できる。Ubuntu では，エディタ gedit でファイルを開いて Windows 形式と

して別名保存すればよい。

## 2.2 有限要素法の長所と短所

### 2.2.1 近似の方法と有限要素法の長所

1章の式 (1.3) あるいは式 (1.5) といった支配方程式を解析的に解くことはできない。すなわち，解析解（理論解）が得られない。解析解が得られれば，その解がどのような変数からなるどのような関数なのかが明確に示されるので，例えば軸受すきまの大きさが半分になったら圧力はどれほどになるか，といったことを式から定量的に示すことができる。エンジニアリングでは，定性的ではなく定量的であることを必ず求められる。

そこで解析解が得られない場合は，近似解を求めることになる。近似解を求めるには，例えばつぎの方法がある。

(1) 支配方程式を解析解が得られるように簡単化する。例えば，ジャーナル軸受で軸方向を無限長として，その方向の圧力は変化しないとする。逆に軸方向長さが短いとして，円周方向の圧力は変化しないとする。スラスト軸受についても同様な近似をする。しかし，このような近似は，特別な場合を除き，精度が悪い。

(2) 差分法といって，支配方程式中の微分を小さな間隔の差分に置き換え，離散化して解く。いわば，数学的近似を行う。この近似は，原則として座標軸に沿って離散化するため，単純な形の領域にしか適用できない。解析解を得ることはできず，多元の連立方程式を解くことにより，与えられた条件における数値解が得られる。

(3) 有限要素法は，支配方程式を離散化し，多元の連立方程式を解くことにより数値解を得るという点においては，差分法と同じである。その決定的な違いは，有限要素法では，支配方程式には一切手を加えない。解析対象領域を小さな領域に分割し（有限個の要素），その要素内の場所によって変化する変数を単純な関数の形で近似する。いわば，有限要素

いう工学的近似を行う。複雑な曲線も微小区間では直線とみなせることと同じである。これによって，非常に近似精度の高い結果が得られることが知られている。これが有限要素法の長所といえる。

### 2.2.2 有限要素法の利用における短所

有限要素法の詳細は専門書に譲るが，その要点は，以下のようにまとめられる。

(1) 解析対象領域を決定し，これを小部分に分割する。
(2) それぞれの小部分を簡単なモデル（数式）で近似する。
(3) それを全体的に組み立てて解く。

支配方程式を定式化することによって，一つの要素について，その要素がもつ節点数とその節点がもつ自由度の積の数だけの連立1次方程式が得られ，これをすべての要素について寄せ集めることによって

$$\begin{bmatrix} K_{11} & \cdots & K_{1N} \\ \vdots & \vdots & \vdots \\ \vdots & \vdots & \vdots \\ K_{N1} & \cdots & K_{NN} \end{bmatrix} \begin{Bmatrix} X_1 \\ \vdots \\ \vdots \\ X_N \end{Bmatrix} = \begin{Bmatrix} F_1 \\ \vdots \\ \vdots \\ F_N \end{Bmatrix}$$

という形の，節点の総数と自由度に依存する非常に大きな元数の連立1次方程式を解くことになる。もちろんコンピュータを利用することになるが，非常に大きな元数のため，コンピュータの計算速度やメモリ容量が解析の制約となる場合がある。

また，計算に必要な入力データをすべて準備するにあたり，有限要素法の原理からして，計算結果の精度を高めようとすれば，原則として要素のサイズを小さくしなければならない。これに伴って，要素数も節点数も増加するから，節点の座標値の算出などを電卓などで行うのはたいへんな時間と労力を要する。しかも，解析対象領域が3次元の場合には，電卓などで行うのは不可能であろうし，データの間違いも多発する。とにかく入力データを準備するのがたいへんである。

なお，差分法であれ有限要素法であれ，得られるのは解析解ではなく，ある入力条件に対する，数値解であることを忘れてはならない。すなわち，ある特定の条件のときの答えだということである。さらに，数値解析であるから，現実にはあり得ないはずの場合でも，答えが返ってくる。したがって，出てきた答えを鵜呑みにはせず，必ず吟味する習慣をつけることが必要である。

## 2.3 プリプロセッシングとポストプロセッシング

### 2.3.1 プリプロセッシング

有限要素法では，複雑な連続体を取り扱う実際の問題をコンピュータによって数値的に解析するために，その連続体がもつ無限の自由度を有限個の未知量を含む有限の自由度に限定している。その結果として，非常に大きな元数の連立1次方程式を解くことになる。解くべき連立方程式の係数を定めるために，一つ一つの要素の物性値や要素に設けられた節点の座標値をあらかじめ決めておかなければならない。その他，要素の総数や節点の総数，境界条件などもある。こういった計算前の準備をプリプロセッシングというが，市販の有限要素解析ソフトウェアであれば，これを行うプリプロセッサが付属あるいは別途あり，つぎに述べるような作業を対話式に行い，必要な数値データがほとんど自動的に生成される。

おもな作業は
(1) 解析対象領域の定義
(2) 要素分割と要素番号づけ
(3) 節点番号づけと節点座標値算出
(4) 任意の要素とその要素に属する節点番号との対応づけ
(5) 物性値や境界条件の定義

などである。手作業で行おうとしたとき，特にたいへんなのが(2)から(4)である。

本書には，市販のプリプロセッサには遠く及ばないが，それぞれのプログラ

ムに入力データを作成する簡易的なプログラムを添付してある．特定の要素タイプで，特定の分割ではあるが，(2)から(4)がほぼ自動的に行えるようになっており，詳細は3章で説明する．

### 2.3.2 ポストプロセッシング

数値解析であるから，結果は数値としてしか得られない．このため，市販の解析ソフトウェアには，計算結果をわかりやすい形に表示するためのポストプロセッサがある．

本書にはこのようなポストプロセッサがないため，フリーウェアまたはシェアウェアのソフトウェアを紹介する．

(1) smartGRAPH

　　　　http://www005.upp.so-net.ne.jp/takuyama/smartgraph/

ハンドル名 takuyama 氏が作成したもので，2次元および3次元のグラフ作成ソフトである．

　作成可能な図
- ワイヤフレーム
- グラデーションマップ
- 等高線図
- タイル状マップ
- ポイントマップ
- ベクトル線図

　主な機能
- マウスドラッグによる視点の変更/拡大縮小
- グラデーションの色の変更
- 任意の場所での断面図の描画
- 指定要素の抜出し
- 節点，要素番号の表示
- オートメッシュによるメッシュ描画

利用にあたっては，このソフトウェアが要求するフォーマットで，つぎの三つのファイルを用意する．

・節点ファイル（節点番号と節点座標）

・要素ファイル（要素番号とその要素を構成している節点番号）

・データファイル（求められた圧力値）

図 2.1 に例を示す．

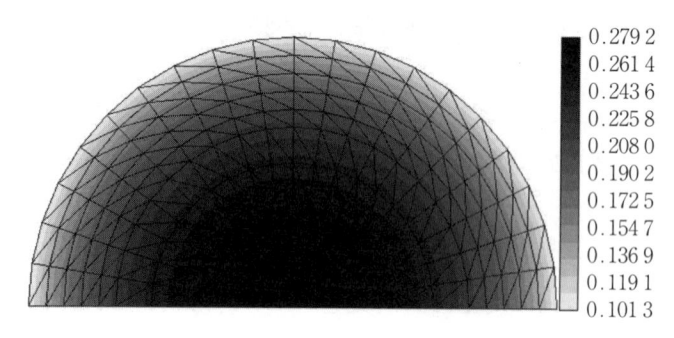

図 2.1　smartGRAPH による表示例

(2) Graph-R

http://www.software-dev.jpn.org/

Graph-R Project が作成したもので，3 次元のグラフ表示ができる．Graph-R Plus という製品版もある．

作成可能な図

・コンター

・等高線

・ワイヤフレーム

・散布図

・ベクトル線図

主な機能

・マウスにより視点方向を自由に変更

・PNG，JPEG，BMP，GIF ファイルに保存

## 2.3 プリプロセッシングとポストプロセッシング

・クリップボードにコピー

利用にあたっては，このソフトウェアが要求するフォーマットで，つぎのデータを一つのファイルに準備する．

・Xデータ：節点の$x$座標値
・Yデータ：節点の$y$座標値
・Zデータ：その節点の求められた圧力値

**図2.2**に例を示す．

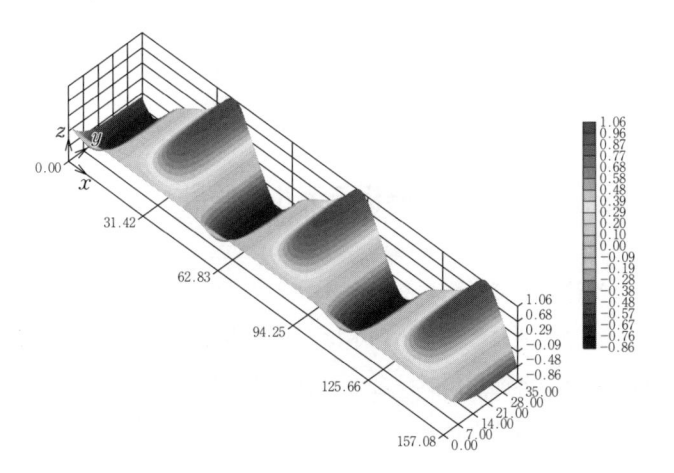

**図2.2** Graph-Rによる表示例（オリジナルはカラー表示）

# 3 各種軸受用プログラムとその使い方

　1.1節に示した代表的な軸受形態について，これらの圧力分布を求めるプログラムの使い方を中心に説明する．あわせて，主として要素データを生成する簡易的な入力データ作成プログラムについても触れる．

## 3.1 解析モデルの設計

　表 3.1 は，次節以降で説明する，本書のプログラムが対応している軸受形態一覧である．軸受形態によらず，基本は，有限要素法を用いてレイノルズ方程式を数値的に解き，各節点における圧力値を求めることである．圧力値が求まれば，これから軸受負荷容量と流量を算出することもできる．

　計算に必要な入力データを作成するにあたって，まずは解析モデルの設計を行う必要がある．これによって，データ作成の省力化や実行時の計算時間短縮などが可能となる．設計方針は，以下のようにまとめられる．

(1) 解析領域の形状と寸法を決める．解析領域は 2 次元であるが，圧力分布の対称性が利用できれば，全領域を解析対象とする必要がなくなる．データ作成の省力化，計算時間の短縮，コンピュータメモリ容量の制約がなくなる，などのメリットが生まれる．

(2) 領域をどのように要素分割するかを決める．一般的には，解析対象領域の中に物性値が異なる部分があれば，そこが境となるように分割する．軸受の場合では，例えば，軸受すきまがステップ状に変化するところを境にする必要がある．また，求めようとしている変数の変化が大きい場

## 3.1 解析モデルの設計　39

表 3.1　本書のプログラムで解析可能な軸受形態

| | | ジャーナル | スラスト |
|---|---|---|---|
| 圧縮性流体 GAS | 静圧 | 真円 GAS-STAT<br>　自成，オリフィス絞り<br>　偏心平衡位置 | 矩形 GS-RECT<br>　自成，オリフィス絞り<br>　対向，並進平衡位置<br>環状／矩形 GS-ANNULAR<br>　自成，オリフィス絞り<br>　対向，並進／傾き平衡位置<br>円形／矩形 GS-CIRCULAR<br>　自成，オリフィス絞り<br>　対向，並進／傾き平衡位置<br>環状／矩形 GS-SURFACE<br>　表面絞り<br>　対向，並進／傾き平衡位置<br>環状／矩形 GS-POROUS<br>　多孔質絞り<br>　対向，並進／傾き平衡位置 |
| | 動圧 | | 矩形 GD-RECT<br>　単一 |
| 非圧縮性流体 LIQUID | 静圧 | 真円 HYDRO-STAT<br>　オリフィス，キャピラリ絞り<br>　偏心平衡位置 | 矩形 HS-RECT<br>　オリフィス，キャピラリ絞り<br>　対向，並進平衡位置 |
| | 動圧 | 真円 HYDRO-DYN | 矩形 HD-RECT<br>　単一 |

所は細かく分割する．ただし，本書に添付のデータ作成プログラムは単純で，矩形領域に対しては等分割しかできない．

(3) 使用する要素のタイプを決める．本書のプログラムでは，円形領域では1次の三角形要素（2次元シンプレックス要素），それ以外は2次の四角形要素（アイソパラメトリック要素）で分割されていることを前提としている．

(4) 三角形要素であれば正三角形に近くなるよう，四角形要素であれば正方形に近くなるよう分割する．有限要素法では，要素内の変数を1次関数や2次関数で近似しているので，要素形状のゆがみが大きいと近似精

度が落ちる。

ところで，一般的には，要素分割の細かさ，すなわち要素のサイズを決める目安はない。計算結果には，要素サイズのみならず，要素タイプも影響を与えることが知られており，要素サイズと結果の精度との間には比例関係はなく，要素サイズが小さくなるにつれて結果の変化は徐々に小さくなり飽和していく。したがって，例えば要素サイズを前回の半分にしたが結果の変化は数%しかなかった，といった変化の度合いから要素サイズ決めることになろう。

## 3.2 プログラムの基本的なフローチャート

3.3節から，CD-ROMに収録されたプログラムを使用するための具体的な説明に入るが，CD-ROMのフォルダ（ディレクトリ）の内容は，つぎのとおりであり，それぞれ補足説明がある。

PROG-1：数値計算ライブラリを利用していない解析プログラム

PROG-2：数値計算ライブラリを利用している解析プログラム
　　　　　LAPACKまたはNKLのDPBSVを利用している。

DAT　　：主として要素データを生成する簡易的な入力データ作成プログラム

VERIFY：理論解との比較に用いた検証用データ

SAMPLE：入力データのサンプル

### 3.2.1　圧縮性流体・自成/オリフィス絞り型静圧軸受

このタイプの静圧軸受では，加圧された流体が絞りを通して軸受すきまへ流入するから，軸受すきまの圧力分布は，1.1.3項で説明したように，流入する質量流量とすきまから流出する質量流量が等しくなるように決まるはずである。すなわち，軸受すきまの圧力に関する支配方程式と絞りの圧力-流量特性を連立して解かなければならない。

## 3.2 プログラムの基本的なフローチャート

**図3.1**は，空気などの気体を潤滑剤とする，圧縮性流体を用いた自成／オリフィス絞り型静圧軸受解析の基本的なフローチャートである。

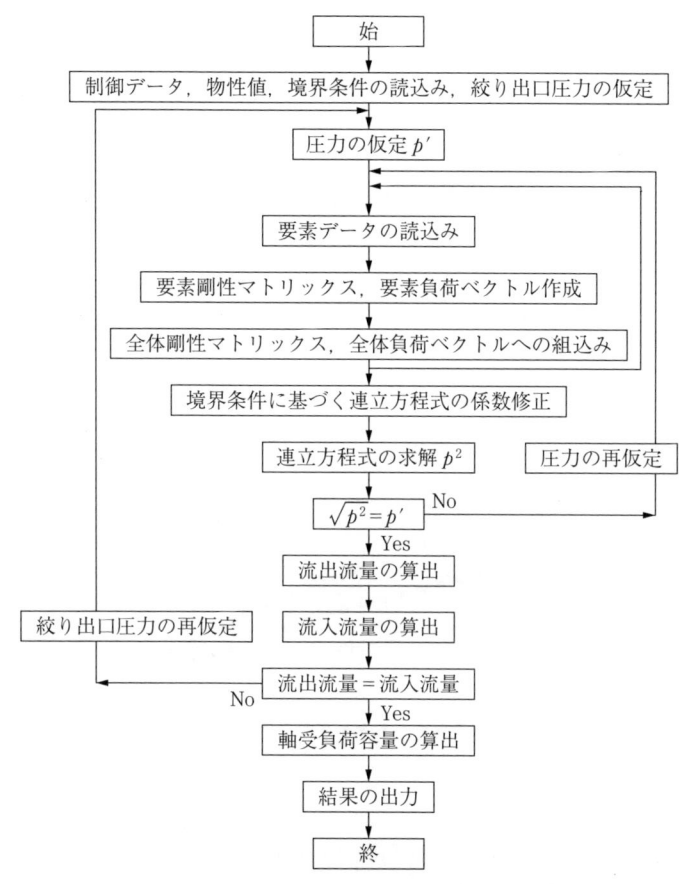

```
                    ┌─────┐
                    │ 始  │
                    └──┬──┘
                       ↓
        ┌──────────────────────────────────┐
   ┌───→│制御データ，物性値，境界条件の読込み，絞り出口圧力の仮定│
   │    └──────────────┬───────────────────┘
   │                   ↓
   │         ┌──────────────────┐
   │    ┌───→│  圧力の仮定 p′    │←────┐
   │    │    └────────┬─────────┘      │
   │    │             ↓                │
   │    │    ┌──────────────────┐      │
   │    │    │  要素データの読込み │      │
   │    │    └────────┬─────────┘      │
   │    │             ↓                │
   │    │  ┌──────────────────────┐    │
   │    │  │要素剛性マトリックス，要素負荷ベクトル作成│    │
   │    │  └──────────┬───────────┘    │
   │    │             ↓                │
   │    │  ┌────────────────────────┐  │
   │    │  │全体剛性マトリックス，全体負荷ベクトルへの組込み│  │
   │    │  └──────────┬─────────────┘  │
   │    │             ↓                │
   │    │  ┌──────────────────────┐    │
   │    │  │境界条件に基づく連立方程式の係数修正│    │
   │    │  └──────────┬───────────┘    │
   │    │             ↓                │
   │    │  ┌──────────────────┐  ┌────────┐
   │    │  │連立方程式の求解 $p^2$ │  │圧力の再仮定│
   │    │  └────────┬─────────┘  └────────┘
   │    │           ↓                   ↑
   │    │      ╱$\sqrt{p^2}=p'$╲ ──No──┘
   │    │      ╲            ╱
   │    │           │Yes
   │    │           ↓
   │    │    ┌──────────────┐
   │    │    │ 流出流量の算出 │
   │    │    └──────┬───────┘
   │    │           ↓
   │ ┌────────────┐ ┌──────────────┐
   │ │絞り出口圧力の再仮定│ │ 流入流量の算出 │
   │ └────────────┘ └──────┬───────┘
   │    ↑                  ↓
   │    │        ╱流出流量＝流入流量╲──No──┘
   │    └───────╲                ╱
   │                    │Yes
   │                    ↓
   │             ┌──────────────┐
   │             │ 軸受負荷容量の算出 │
   │             └──────┬───────┘
   │                    ↓
   │             ┌──────────┐
   │             │ 結果の出力 │
   │             └────┬─────┘
   │                  ↓
   │               ┌─────┐
   │               │ 終  │
   │               └─────┘
```

**図3.1** 圧縮性流体・自成／オリフィス絞り型静圧軸受解析の基本的なフローチャート

一つの要素データを読み込んでは，その要素の剛性マトリックスと負荷ベクトルを作成し，全体の剛性マトリックスと負荷ベクトルに重ね合わせていくようになっている。データファイルから一つずつ要素データを読み込むので時間はかかるが，コンピュータのメモリ領域を少しでも増やしたいためである。

こうしてできあがった連立方程式に対して，節点圧力値が既知，すなわち既知の解について連立方程式の係数を修正する。

圧縮性流体のレイノルズ方程式である式 (1.5) には，圧力 $p$ と $p$ の 2 乗が含まれている。式 (1.5) を解くためには同式の右辺が定まっていなければならないので，本書のプログラムでは仮定した $p'$ によって右辺を定め，$p$ の 2 乗について解いている。

そして，求められた $p$ の 2 乗の平方が仮定した $p'$ と等しくなるまで（数値が完全に一致することはないので，実際は許容値を指定して一致とみなす），$p'$ を仮定し直して繰り返し計算する。**図 3.2** に実際の繰返し計算における圧力分布の収束過程の例を示す。この例では，ほぼ 13 回（iter. = 13）で前回からの変化分が指定した 1% に収まったので，このときの圧力分布を求める解としている。

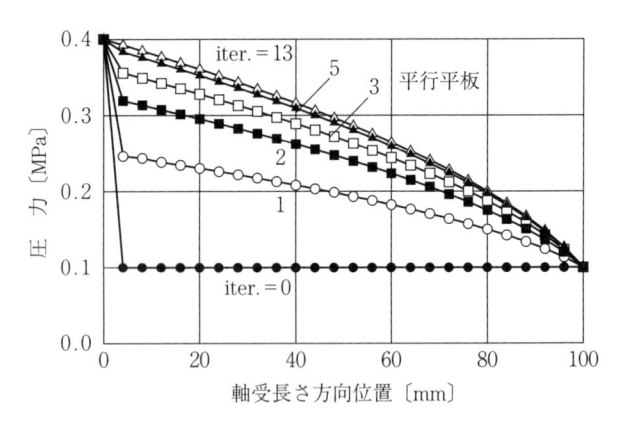

**図 3.2** 繰返し圧力計算過程の例

前述した連立方程式の係数の修正においては，静圧軸受の場合は絞りがあるため，節点値が既知という境界条件に加えて，仮定した絞り出口圧力値も境界条件としている。そうして得られた圧力分布から流出流量が算出され，一方では絞りからの流入流量が算出される。1.1.3 項で説明したように，流出流量と流入流量は等しくなければならないから，等しくなるまで（数値が完全に一致

することはないので，実際は許容値を指定して一致とみなす），絞り出口圧力を仮定し直して繰り返し計算する．図3.3に，正方形静圧スラスト軸受の中心に絞りが一つある場合について，仮定する絞り出口圧力値の更新に伴う入出流量の釣合い過程の例を示す．

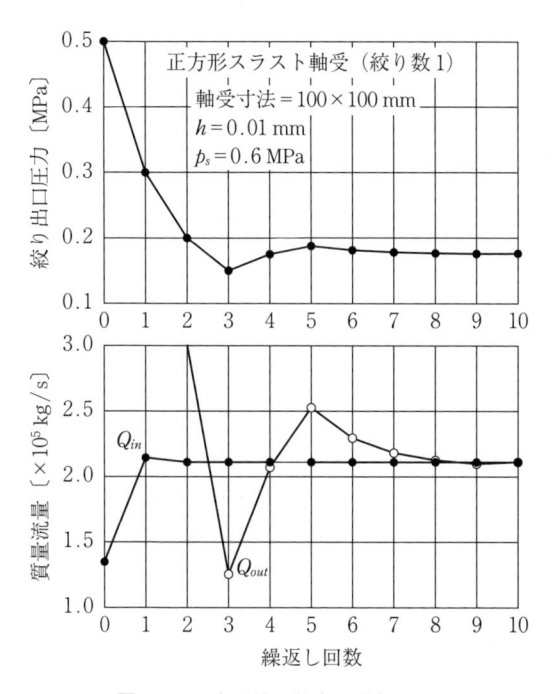

**図3.3** 入出流量の釣合い過程の例

このように，圧縮性流体・自成/オリフィス絞り型静圧軸受では，圧力に関する繰返し計算と流量に関する繰返し計算が必要となるが，ここで注意しなければならないことは，釣合いの許容値に近づいてくると，仮定し直す値の変化が小さくなり，許容値が厳しいと，いつまでたっても収まらない場合があることである．

なお，軸受すきまを定義している関数を修正すれば，自成/オリフィス絞りと表面絞りが複合した軸受の解析も可能である．詳細は4.9節で説明する．

### 3.2.2 圧縮性流体・多孔質絞り型静圧軸受

多孔質ということは，単純に考えれば，非常に多くの自成あるいはオリフィス絞りが集まったものといえる。しかし，その数や分布は不明であり，3.2.1項のように考えることは困難である。そこで，軸受すきまに流入する流体は，軸受すきまを形成する多孔質体表面全体から，一様に流入すると考える。

したがって，軸受すきまの圧力に関する支配方程式と多孔質体の圧力-流量特性を連立して解かなければならない。

この場合の基本的なフローチャートを図3.4に示す。破線で囲ったフローチャートの前半は，多孔質体から軸受すきまへ流入してレイノルズ方程式の負荷項となる質量流量を算出している。このためには，多孔質体の圧力-流量特性を支配する透過率が既知でなくてはならず，これは実験的に求める必要がある。さらに，圧縮性流体の場合，一般にその流れはポリトロープ変化と考えられるので，ポリトロープ指数も既知である必要がある。

フローチャートの後半は，軸受すきまへ流入してきた流体によって発生する圧力分布を求めている。そして，この圧力分布は軸受すきまに接する多孔質体表面の圧力分布と等しくなくてはならないので（数値が完全に一致することはないので，実際は許容値を指定して一致とみなす），等しいとみなせるまで繰り返し計算を行う。3.2.1項のオリフィスやキャピラリ型の場合は流量の釣合いであったが，多孔質絞り型の場合は界面の圧力が一致すれば流入流出流量も一致する。

### 3.2.3 圧縮性流体・動圧軸受

動圧軸受であるから，軸受すきまへ外部から強制的に流体が供給されることはない。支配方程式である圧縮性レイノルズ方程式を与えられた境界条件の下で解けばよい。基本的なフローチャートは図3.5のようになる。

なお，軸受すきまを表現している式を修正すれば，図1.21のような表面絞り軸受，すなわち軸受すきま内に供給圧力のままで流体が供給され，溝によって自成やオリフィス絞りと同様な絞り効果をもつ軸受の解析も可能である。詳

## 3.2 プログラムの基本的なフローチャート

```
始
↓
制御データ，物性値，境界条件の読込み
↓
┌─────────────────────────────────────┐
│ 軸受すきまに接する多孔質体表面の圧力の仮定 │
│ ↓                                    │
│ 要素データの読込み                      │
│ ↓                                    │
│ 要素剛性マトリックス，要素負荷ベクトル作成  │
│ ↓                                    │
│ 全体剛性マトリックス，全体負荷ベクトルへの組込み │
│ ↓                                    │
│ 境界条件に基づく連立方程式の係数修正       │
│ ↓                                    │
│ 連立方程式の求解                        │
│ ↓                                    │
│ 圧力分布から軸受すきまへの流入流量の算出    │
└─────────────────────────────────────┘
↓
圧力の仮定 $p'$
↓
要素データの読込み
↓
要素剛性マトリックス，要素負荷ベクトル作成
↓
全体剛性マトリックス，全体負荷ベクトルへの組込み
↓
境界条件に基づく連立方程式の係数修正
↓
連立方程式の求解 $p^2$
↓
$\sqrt{p^2}=p'$ ── No → 圧力の再仮定
↓ Yes
軸受すきまに接する多孔質体表面の圧力＝潤滑膜圧力 ── No → 多孔質側圧力の再仮定
↓ Yes
流出流量の算出
↓
軸受負荷容量の算出
↓
結果の出力
↓
終
```

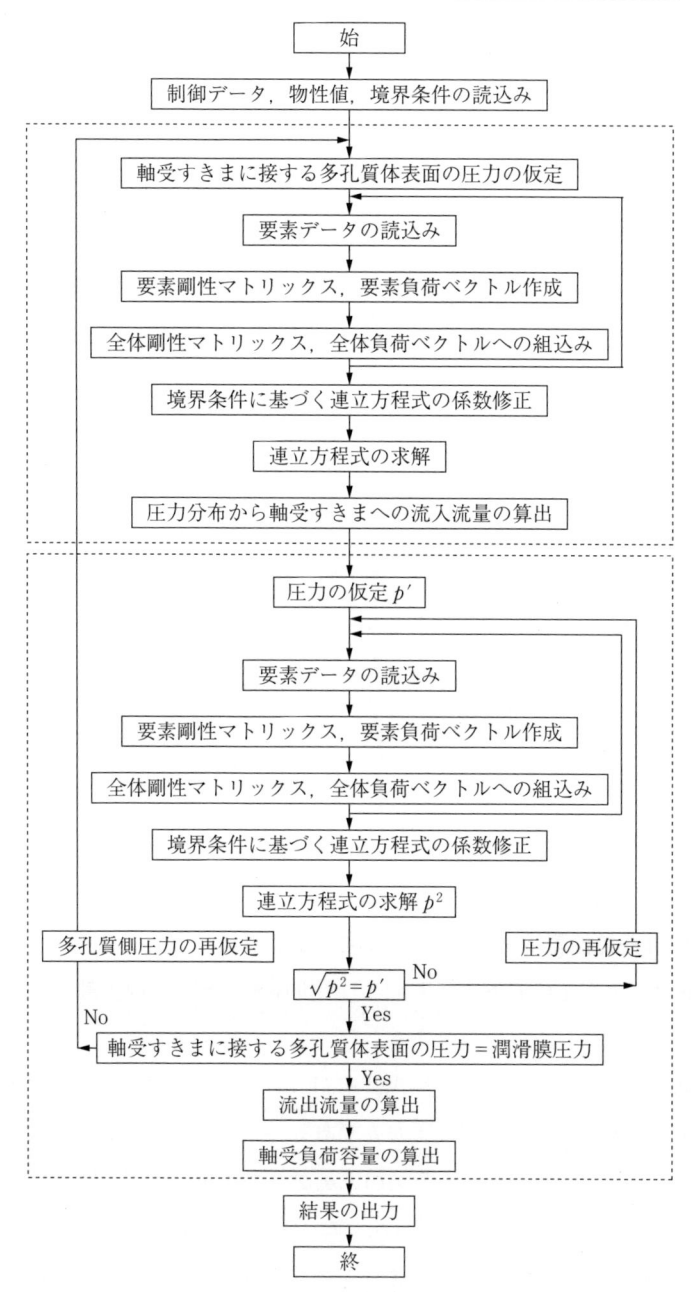

**図 3.4** 圧縮性流体・多孔質絞り型静圧軸受解析の基本的なフローチャート

46 3. 各種軸受用プログラムとその使い方

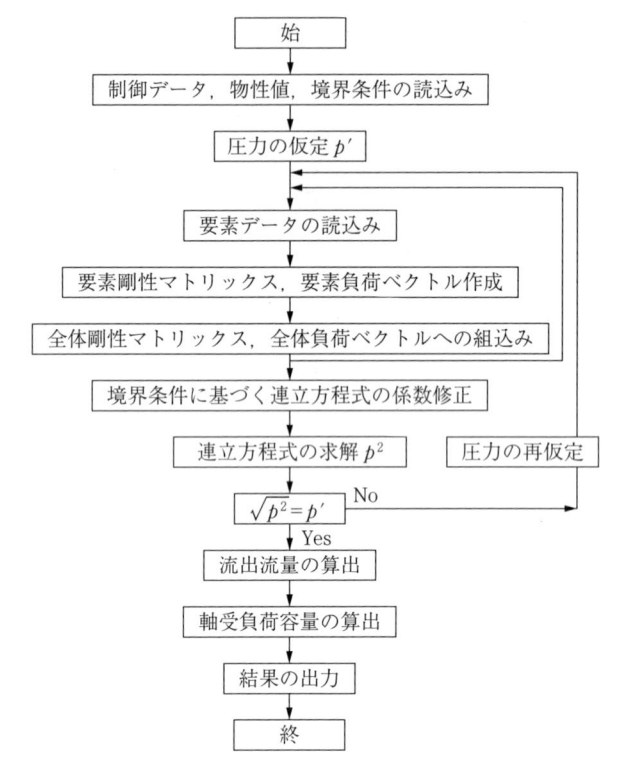

```
                    ┌─────┐
                    │  始  │
                    └──┬──┘
                       ▼
        ┌─────────────────────────────┐
        │ 制御データ，物性値，境界条件の読込み │
        └──────────────┬──────────────┘
                       ▼
              ┌─────────────┐
              │ 圧力の仮定 p' │◄──────────┐
              └──────┬──────┘           │
                     ▼                  │
           ┌───────────────────┐        │
           │  要素データの読込み  │        │
           └─────────┬─────────┘        │
                     ▼                  │
      ┌─────────────────────────────┐   │
      │ 要素剛性マトリックス，要素負荷ベクトル作成 │  │
      └──────────────┬──────────────┘   │
                     ▼                  │
   ┌────────────────────────────────────┐│
   │ 全体剛性マトリックス，全体負荷ベクトルへの組込み ││
   └──────────────┬─────────────────────┘│
                  ▼                     │
   ┌──────────────────────────────┐     │
   │ 境界条件に基づく連立方程式の係数修正 │     │
   └──────────────┬───────────────┘     │
                  ▼                     │
        ┌───────────────────┐    ┌──────────┐
        │ 連立方程式の求解 p² │    │ 圧力の再仮定 │
        └─────────┬─────────┘    └─────▲────┘
                  ▼                    │
              ┌────────┐   No          │
              │√p²=p' ├──────────────┘
              └────┬───┘
                 Yes
                  ▼
          ┌──────────────┐
          │ 流出流量の算出  │
          └──────┬───────┘
                 ▼
          ┌──────────────┐
          │ 軸受負荷容量の算出│
          └──────┬───────┘
                 ▼
          ┌──────────┐
          │ 結果の出力  │
          └─────┬────┘
                ▼
            ┌─────┐
            │  終  │
            └─────┘
```

図 3.5　圧縮性流体・動圧軸受解析の基本的なフローチャート

細は 4.9 節で説明する．

### 3.2.4　非圧縮性流体・オリフィス/キャピラリ絞り型静圧軸受

図 3.6 は，油などの液体を潤滑剤とした非圧縮性流体の静圧軸受解析における，基本的なフローチャートである．

非圧縮性流体のレイノルズ方程式は式 (1.3) であるから，圧縮性流体の場合とは異なり，連立方程式の解は圧力 $p$ である．

こうして得られた圧力分布から流出流量が算出され，一方では絞りからの流入流量が算出される．1.1.3 項で説明したように，流出流量と流入流量は等しくなければならないから，等しくなるまで（数値が完全に一致することはない

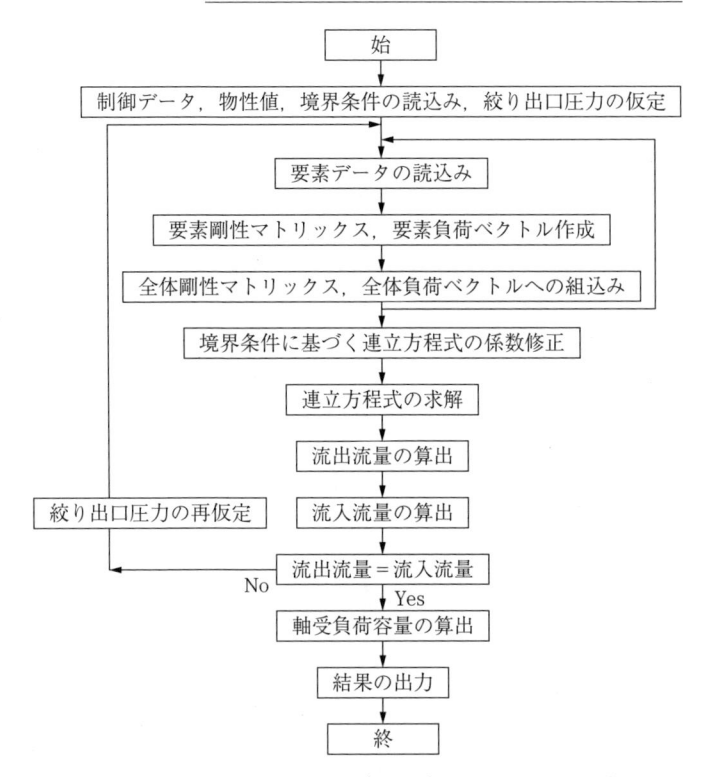

3.2 プログラムの基本的なフローチャート　　47

```
                            ┌─────┐
                            │ 始  │
                            └──┬──┘
                               ↓
        ┌─────────────────────────────────────────────┐
   ┌───→│制御データ，物性値，境界条件の読込み，絞り出口圧力の仮定│
   │    └─────────────────────────────────────────────┘
   │                           ↓
   │              ┌─────────────────────┐
   │         ┌──→ │   要素データの読込み    │
   │         │    └─────────────────────┘
   │         │                ↓
   │         │  ┌───────────────────────────────────┐
   │         │  │要素剛性マトリックス，要素負荷ベクトル作成│
   │         │  └───────────────────────────────────┘
   │         │                ↓
   │         │  ┌─────────────────────────────────────┐
   │         └──│全体剛性マトリックス，全体負荷ベクトルへの組込み│
   │            └─────────────────────────────────────┘
   │                          ↓
   │            ┌──────────────────────────────┐
   │            │境界条件に基づく連立方程式の係数修正│
   │            └──────────────────────────────┘
   │                          ↓
   │                ┌──────────────────┐
   │                │  連立方程式の求解  │
   │                └──────────────────┘
   │                          ↓
   │                ┌──────────────────┐
   │                │   流出流量の算出   │
   │                └──────────────────┘
   │                          ↓
   │  ┌──────────────────┐ ┌──────────────────┐
   └──│  絞り出口圧力の再仮定│ │   流入流量の算出   │
      └──────────────────┘ └──────────────────┘
                ↑                     ↓
                │          ┌──────────────────┐
                └──── No ──│流出流量＝流入流量  │
                           └──────────────────┘
                                      ↓ Yes
                           ┌──────────────────┐
                           │  軸受負荷容量の算出│
                           └──────────────────┘
                                      ↓
                           ┌──────────────────┐
                           │    結果の出力     │
                           └──────────────────┘
                                      ↓
                                 ┌─────┐
                                 │ 終  │
                                 └─────┘
```

**図 3.6** 非圧縮性流体・オリフィス/キャピラリ絞り型静圧軸受解析の基本的なフローチャート

ので，実際は許容値を指定して一致とみなす），絞り出口圧力を仮定し直して繰り返し計算する。ただし，ここで注意しなければならないことは，釣合いの許容値に近づいてくると，仮定し直す値の変化が小さくなり，許容値が厳しいと，いつまでたっても収まらない場合があることである。

### 3.2.5 非圧縮性流体・動圧軸受

**図 3.7** は，油などの液体を潤滑剤とした非圧縮性流体の動圧軸受解析における，基本的なフローチャートである。

一つの要素データを読み込んでは，その要素の剛性マトリックスと負荷ベクトルを作成し，全体の剛性マトリックスと負荷ベクトルに重ね合わせていく。

48 　3. 各種軸受用プログラムとその使い方

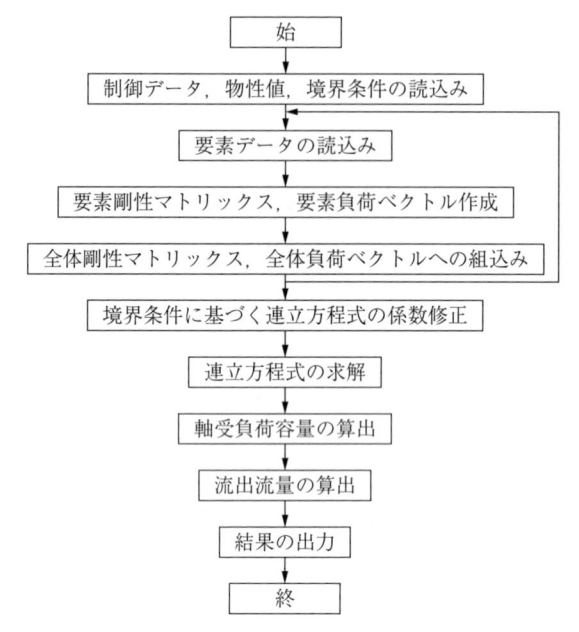

```
           ┌─────┐
           │ 始  │
           └──┬──┘
    ┌─────────┴──────────────┐
    │ 制御データ，物性値，境界条件の読込み │
    └─────────┬──────────────┘
         ┌────┴─────┐
         │要素データの読込み│
         └────┬─────┘
   ┌──────────┴──────────────┐
   │要素剛性マトリックス，要素負荷ベクトル作成│
   └──────────┬──────────────┘
 ┌────────────┴───────────────┐
 │全体剛性マトリックス，全体負荷ベクトルへの組込み│
 └────────────┬───────────────┘
    ┌─────────┴──────────────┐
    │ 境界条件に基づく連立方程式の係数修正 │
    └─────────┬──────────────┘
         ┌────┴─────┐
         │ 連立方程式の求解 │
         └────┬─────┘
         ┌────┴─────┐
         │ 軸受負荷容量の算出│
         └────┬─────┘
         ┌────┴─────┐
         │ 流出流量の算出 │
         └────┬─────┘
         ┌────┴─────┐
         │  結果の出力  │
         └────┬─────┘
           ┌──┴──┐
           │ 終  │
           └─────┘
```

**図 3.7** 非圧縮性流体・動圧軸受解析の基本的なフローチャート

こうしてできあがった連立方程式に対して，節点圧力値が既知，すなわち既知の解について連立方程式の係数を修正する．

そして連立方程式を解けば，未知の節点値が求められる．

あとは，要素ごとの圧力と面積から全体の軸受負荷容量を算出したり，指定した要素の指定した場所ごとに，その要素内の圧力勾配から流速を算出して流量を求め，これらの和として流出流量を算出したりする．

## 3.3　ジャーナル軸受解析のための入力データと出力

ここでは，CD-ROM に収録のプログラムのうち，ジャーナル軸受に対する解析が可能な，以下の軸受について説明する．

（A）　圧縮性流体・真円形・静圧ジャーナル軸受

　　　プログラム名：GAS-STAT

## 3.3 ジャーナル軸受解析のための入力データと出力

　　　絞　　　り：自成絞りまたはオリフィス絞りで，寸法から自動判別される。
　　　特 記 事 項：軸受負荷容量と荷重とが釣り合ったときの位置を求めることもできる。
　　　収 録 場 所：/GAS/STAT/HOLE/GAS-STAT/PROG-1 または PROG-2

(B) 非圧縮性流体・真円形・静圧ジャーナル軸受
　　　プログラム名：HYDRO-STAT
　　　絞　　　り：オリフィス絞りかキャピラリ絞りを指定する。
　　　特 記 事 項：軸受負荷容量と荷重とが釣り合ったときの位置を求めることもできる。
　　　収 録 場 所：/LIQUID/STAT/HYDRO-STAT/PROG-1 または PROG-2

(C) 非圧縮性流体・真円形・動圧ジャーナル軸受
　　　プログラム名：HYDRO-DYN
　　　収 録 場 所：/LIQUID/DYN/HYDRO-DYN/PROG-1 または PROG-2

以下は，本節のプログラムに特有の事項である。

(1) 倍精度計算である。
(2) プログラム中で宣言されている配列の大きさは，dims.i に parameter として記述されている。この宣言されている配列のサイズは実際のサイズより大きくなければならないので，不足している場合は parameter に与えてある数値を変更しなければならない。
(3) 入力データファイルはすべて，プログラム内の open 文によって開かれる。
(4) プログラム内での計算は，SI 単位で行われている。
(5) プログラム内の open 文によって新規のファイル check.txt が開かれ，計算の経過や多量の要素データなどが書き込まれる。

(6) ジャーナル軸受は，1.2節で述べたように，平面に展開して考え，その平面と円筒面とは**図3.8**のように対応しているものとする。

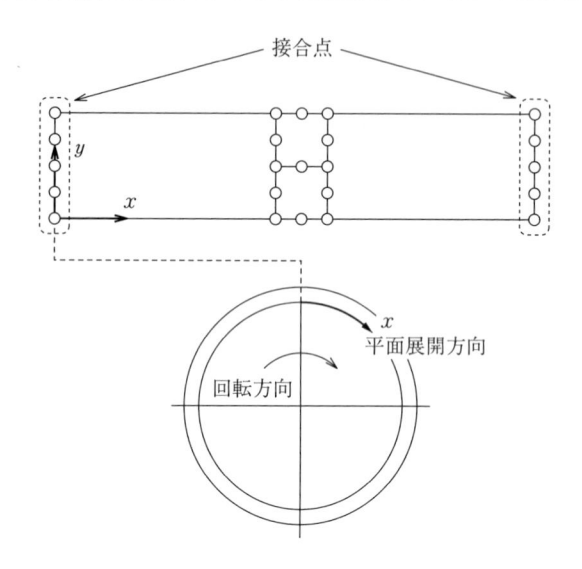

**図3.8** ジャーナル軸受の平面への展開

(7) 解析領域の全体座標系 $(x, y)$ は，図3.8のように定められているものとする。
(8) 軸受すきまの値は要素に関する入力データとして読み込ませるのではなく，関数副プログラムまたはサブルーチン副プログラムに定義している。
(9) 軸方向のすきまは一定とする。すなわち，軸は偏心するが傾かない。
(10) 2次の四角形アイソパラメトリック要素を用いている。その理由は，変数の近似精度を高めるのと展開した平面が長方形であるからである。
(11) 平面に展開したことにより生じる切り口に存在する節点を接合点と呼ぶ。
(12) オリフィス，キャピラリ，自成といった細孔による絞りは，その直径が小さいので点源（point source）とみなす。したがって，絞りの位置に

3.3 ジャーナル軸受解析のための入力データと出力　51

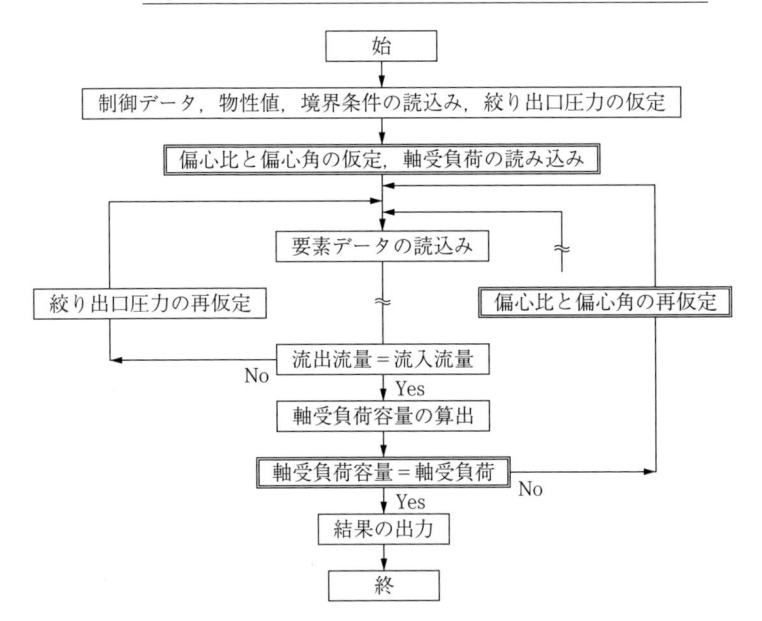

```
                          ┌─────┐
                          │  始  │
                          └──┬──┘
            ┌────────────────▼──────────────────────┐
            │制御データ，物性値，境界条件の読込み，絞り出口圧力の仮定│
            └────────────────┬──────────────────────┘
            ┌────────────────▼────────────────┐
            │偏心比と偏心角の仮定，軸受負荷の読み込み│
            └────────────────┬────────────────┘
                             ▼
                    ┌─────────────────┐
                    │要素データの読込み │
                    └────────┬────────┘
  ┌──────────────┐           │           ┌──────────────┐
  │絞り出口圧力の再仮定│          │          │偏心比と偏心角の再仮定│
  └──────▲───────┘           │           └──────▲───────┘
         │          ┌────────▼────────┐         │
         │   No    │流出流量＝流入流量│          │
         └─────────┤                 │          │
                   └────────┬────────┘          │
                           Yes                  │
                    ┌──────▼──────┐             │
                    │軸受負荷容量の算出│           │
                    └──────┬──────┘             │
                    ┌──────▼──────┐   No        │
                    │軸受負荷容量＝軸受負荷├──────┘
                    └──────┬──────┘
                          Yes
                    ┌──────▼──────┐
                    │  結果の出力  │
                    └──────┬──────┘
                        ┌──▼──┐
                        │  終  │
                        └─────┘
```

**図 3.9** 静圧ジャーナル軸受解析における力の釣合い機能

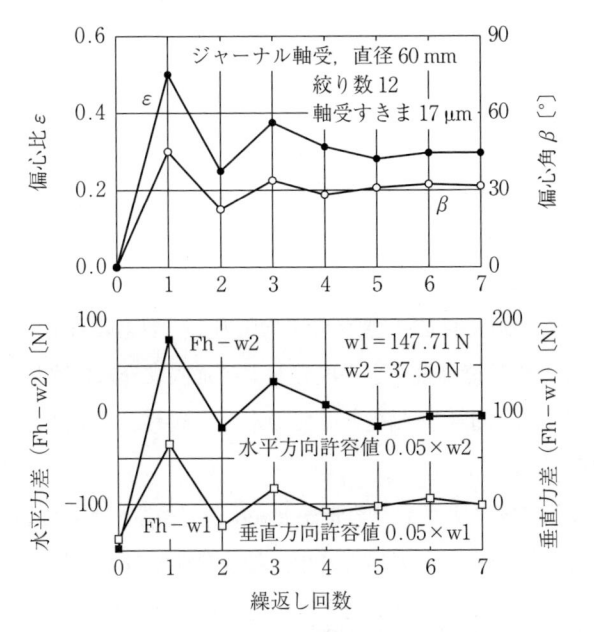

**図 3.10** 軸受負荷容量と軸受負荷との釣合い過程の例

52    3. 各種軸受用プログラムとその使い方

節点が存在するように要素分割する。

(13) (A) 圧縮性流体・真円形・静圧ジャーナル軸受, の解析および, (B) 非圧縮性流体・真円形・静圧ジャーナル軸受, の解析においては, 図 3.1 および図 3.6 の基本のフローチャートに加えて, **図 3.9** の 2 重枠線で示す機能が付け加えられている。これによって, 主軸の自重や主軸に作用する荷重と軸受負荷容量とが釣り合うまで繰り返し計算し（数値が完全に一致することはないので, 実際は許容値を指定して一致とみなす）, 釣合い時の偏心比と偏心角を求めることができる。

**図 3.10** はこの繰返し計算過程の例で, 偏心比 0.3, 偏心角 30°に収束していることがわかる。ただし, ここで注意しなければならないことは, 釣合いの許容値に近づいてくると, 仮定し直す値の変化が小さくなり, 許容値が厳しいと, いつまでたっても収まらないことがあることである。

### 3.3.1　圧縮性流体・真円形・静圧ジャーナル軸受（GAS-STAT）

最初に, (A) 圧縮性流体・真円形・静圧ジャーナル軸受, の解析に必要な入力データについて説明する。

絞りは自成とオリフィスに対応しており, 両者の絞り面積の比較により, プログラム内で自動的にどちらかが選択される。

以下のものが, 計算によって求められる。

(1)　節点圧力値
(2)　要素ごとの負荷容量＝（要素の平均圧力）×（要素の面積）
(3)　要素ごとの負荷容量を水平成分および垂直成分に分解し, それらの和を求めることにより, 軸受としての水平方向および垂直方向の負荷容量が求められる。
(4)　こうして求められた負荷容量が icoeff 倍（後述）されて出力される。
(5)　ibalance＝1（後述）の場合には, 軸受負荷容量と主軸の自重および荷重とが釣り合ったときの主軸の偏心比と偏心角も求められる。
(6)　軸受すきまから流出する流体の質量流量と絞りから流入する質量流量

## 3.3 ジャーナル軸受解析のための入力データと出力

が求められる。

入力データファイルは，つぎの三つまたは四つのファイルである。

・dat1.txt

プログラム全体に関連したデータで，サブルーチン dinput で読み込まれる。

・dat2.txt

接合点の有無を考慮した要素データ（要素番号，トポロジー，節点番号，節点座標）で，サブルーチン matrix で読み込まれる。

・dat3.txt

接合点の有無を考慮しない流体流出境界データ（要素番号，流出境界辺のID，トポロジー，節点座標）で，サブルーチン flowout で読み込まれる。

・dat4.txt

njoinR≠0 の場合のみ必要であり，接合点の有無を考慮しない要素データ（要素番号，トポロジー，節点番号，節点座標）で，サブルーチン capacity で読み込まれる。

出力ファイルは，以下の三つである。

・file.txt

任意のファイル名で，標準出力をこのファイルにリダイレクションしたもの。xxx.exe > file.txt で得られる。

・presdat.txt

Graph-R 用のデータで，MPa 単位の圧力値のみが，節点番号順に書き込まれたファイルとして，サブルーチン writer によって自動的に生成される。

・pres.dat

smartGRAPH 用のデータファイルで，節点番号と MPa 単位の圧力値が書き込まれたファイルとして，サブルーチン writer によって自動的に作成される。

〔1〕 **dat1.txt の内容**

(1) タイトル (a72)

  title    72文字以内のタイトル

## 3. 各種軸受用プログラムとその使い方

(2) コントロール (2i5)

 ibalance 軸受負荷容量（圧力による力）と自重および荷重との釣合い

    偏心比と偏心角を規定……………………………0

    釣合い時の偏心比と偏心角を求める。………1

 iwrite 要素データを check.txt に出力するか。

    しない………0

    する…………1

(3) コントロール (2i5)

 nsymmeR 対称性を利用して絞りを含む断面を境界とした場合は対応する数値（**図 3.11**（a），（c）の場合では 2），そうでない場合は 1 とする。これは，メインプログラムおいて，絞りからの流入流量 qin(i) を計算する際に用いられる。

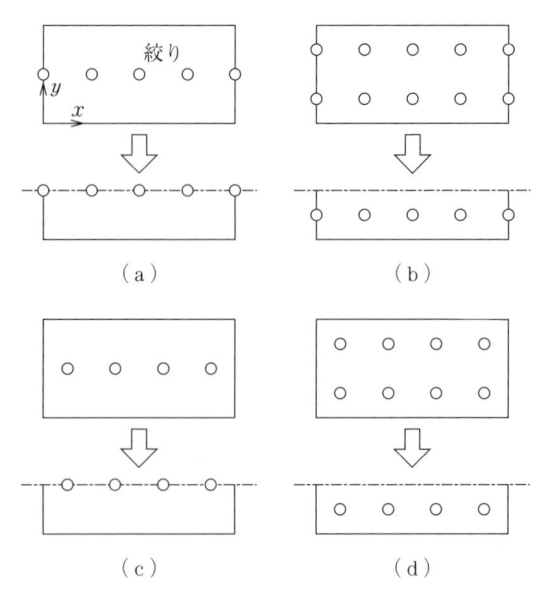

**図 3.11** 対称性の利用

## 3.3 ジャーナル軸受解析のための入力データと出力

|         |         |
|---------|---------|
| icoeff  | 対称性を利用して解析領域を実際の $1/n$ にした場合は，その数 $n$（図3.11 すべての場合で 2）。これは，サブルーチン capacity において，計算された fv, fh, fn を $n$ 倍するのに用いられる。 |

(4) コントロール (6i5)

|         |         |
|---------|---------|
| nelemR  | 要素総数 |
| npoinR  | 節点総数（接合点ペア数を考慮しない見かけの節点総数） |
| njoinR  | 接合点ペア総数<br>接合点とは，平面に展開したときの切り口上にある節点である（図3.8）。接合点がない場合は 0 とする。 |
| nbpoinR | 大気との境界のように節点圧力値が既知の節点の総数 |
| nflwpR  | 接合点を考慮した絞り総数（接合点は同一の接点であるから，図3.11の場合はすべて 4） |
| nbedgeR | 一つの絞りに対応する 1 組の流出境界要素を構成する要素の数（すべての絞りについて同数）<br>一つの要素が複数の流出境界をもっている場合も要素の数は 1 とする。dat3.txt の説明を参照のこと |

(5) コントロール (i5)

|         |         |
|---------|---------|
| nbandR  | 節点番号の付け方によって決まる全体剛性マトリックスのバンド幅（**図3.12** 参照。詳細は 4.5 節で説明）<br>バンド幅＝一要素内の節点番号間の差の最大値（全要素を考慮）+1 |

(6) コントロール (f10.8)

|         |         |
|---------|---------|
| tolerP  | 圧力に関する繰返し計算（3.2.1項 参照）の収束判定における許容値<br>繰返し前後の変化率がこれ以下になったら一致したとみなす。 |

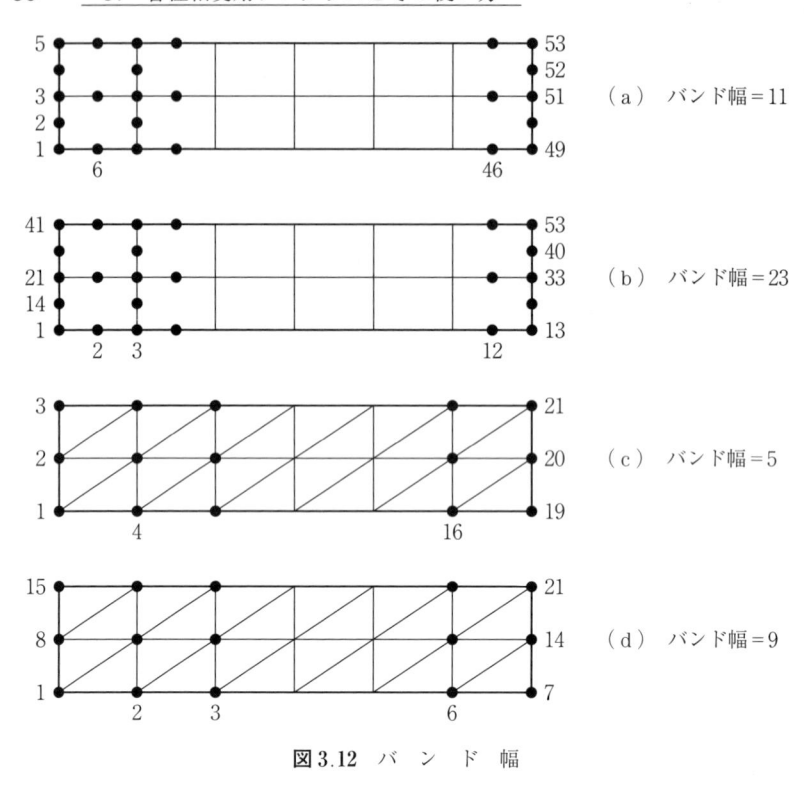

**図 3.12　バ　ン　ド　幅**

（a）バンド幅＝11
（b）バンド幅＝23
（c）バンド幅＝5
（d）バンド幅＝9

(7) コントロール (f10.8)

　　tolerQ　　　流出・流入流量の釣合い判定における許容値

　　　　　　　流出・流入流量の比較において，両者の差の比率がこれ以下になったら一致したとみなす。

(8) コントロール (2f10.3)

　　このデータは，ibalance＝1（釣合い計算をする）の場合に必要である。

　　tolerV　　　垂直方向の力と自重との釣合いを判定する際の許容値

　　　　　　　　　　　　　　　　　　　　　　　　単位：〔N〕

　　tolerH　　　水平方向の力の釣合い判定における許容値

　　　　　　　　　　　　　　　　　　　　　　　　単位：〔N〕

## 3.3 ジャーナル軸受解析のための入力データと出力

(9) 特 性 値 (f10.7, f10.4, f10.5, f10.3)

| | | |
|---|---|---|
| ambipres | 周囲圧力（大気圧） | 単位：〔MPa〕 |
| ambitemp | 周囲温度 | 単位：〔K〕 |
| rhoa | 周囲圧力，温度における気体の密度 | 単位：〔kg/m$^3$〕 |
| visco | 軸受すきま内の気体の粘性係数 | 単位：〔μPa·s〕 |

(10) 特 性 値 (2f10.4)

gasconst　　　気体定数　　　　　　　　　単位：〔J/(kg·K)〕

単位質量当りで表された気体の状態方程式における気体定数，空気の場合 287.0 J/(kg·K)

gamma　　　気体の比熱比

(11) 軸受データ (8f10.3)

w1　　　垂直方向の作用力（軸の自重＋外力）　　単位：〔N〕
　　　　　　ibalance＝0 の場合は任意の値

w2　　　水平方向の作用力　　　　　　　　単位：〔N〕
　　　　　　ibalance＝0 の場合は任意の値

sdia　　　軸の直径　　　　　　　　　　　単位：〔mm〕

h0　　　平均軸受すきま　　　　　　　　　単位：〔mm〕

epsilon　　偏心比

　　　　　　ibalance＝0 の場合は，指定された値

　　　　　　ibalance＝1 の場合は，0.0 から 1.0 の範囲で仮定した値

beta　　　偏心角　　　　　　　　　　単位：〔°〕(degree)

　　　　　　ibalance＝0 の場合は，指定された値

　　　　　　ibalance＝1 の場合は 0.0 から 90.0 の範囲で仮定した値

u　　　$x$ 方向の滑り速度　　　　　　　単位：〔m/s〕

v　　　$y$ 方向の滑り速度（＝0.0）　　　単位：〔m/s〕

58   3. 各種軸受用プログラムとその使い方

(12) 軸受データ（f10.4, f10.7）

dia 　　　　絞りの直径　　　　　　　　　　　　単位：〔mm〕

ps 　　　　気体供給圧力（絶対圧）　　　　　　単位：〔MPa〕

(13) 接 合 点（2i5）

このデータは，njoinR ≠ 0 の場合（接合点ペアあり）の場合に必要である。

つぎをセットにして，njoinR 個。

jointp(i, 1)　接合される節点の番号（**図 3.13** の $i$）

jointp(i, 2)　上記の節点に接合する節点の番号（図 3.13 の $i+n$）

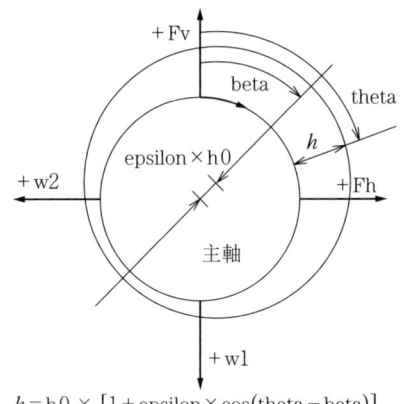

$$h = h0 \times [1 + epsilon \times \cos(theta - beta)]$$

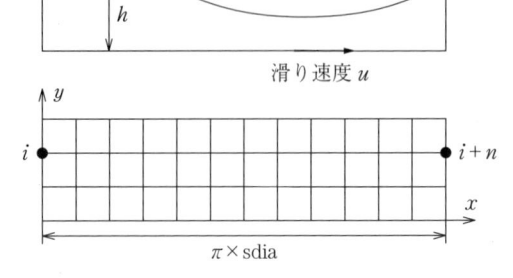

**図 3.13**　ジャーナル軸受における諸量

## 3.3 ジャーナル軸受解析のための入力データと出力

(14) 規定節点圧力値 (i5, 1x, f10.7)

つぎをセットにして，nbpoinR 個。

lgivp(i) 　　圧力が規定されている節点の番号

dgivval(i) 　規定される圧力値（絶対圧）　　　単位：〔MPa〕

(15) 給気孔節点番号，圧力，軸受すきま (i5, 1x, f10.7, f10.6)

つぎをセットにして，nflwpR 個。

nfeed(i) 　　絞りが存在する節点の番号

pvalue(i) 　ps 未満の仮の出口圧力値（絶対圧）　単位：〔MPa〕

xcoord(i) 　絞りが存在する節点の $x$ 座標値　　単位：〔mm〕

〔2〕**dat2.txt の内容**　　つぎの(1)と(2)の組合せが nelemR 個必要である。njoinR ≠ 0 の場合には，接合点を考慮したトポロジーとする。解析領域が矩形の場合は，全体座標系 $(x, y)$ と局部座標系 $(\xi, \eta)$ の方向を一致させたほうが，トポロジーの指定間違い，すなわち要素節点番号と全体節点番号との対応の間違いが発生しにくい。例えば，**図 3.14** において，上図が要素節点番号であり，下図が全体節点番号の例である。ここにおいて節点総数は 95 であるが，接合点があるので，トポロジーは，例えば 78-85-89-90-91-86-80-79 ではなく，78-85-1-2-3-86-80-79 となる。

(1) トポロジー (9i5)

nel 　　　　要素番号

lnods(1) 　　その要素の要素節点番号 1 に対応する全体節点番号

　　　　　　⋮

lnods(8) 　　その要素の要素節点番号 8 に対応する全体節点番号

(2) 節点番号，節点座標値 (5i, 2f20.6)

つぎをセットにして，nnodpR 個 (nnodpR = 8)。

節点番号 　　読み込まれない。データを見やすくするため。

coord(i, 1) 　要素節点番号 $i$ の $x$ 座標値　　　単位：〔mm〕

coord(i, 2) 　要素節点番号 $i$ の $y$ 座標値　　　単位：〔mm〕

**図 3.15** に dat2.txt の例を示す。

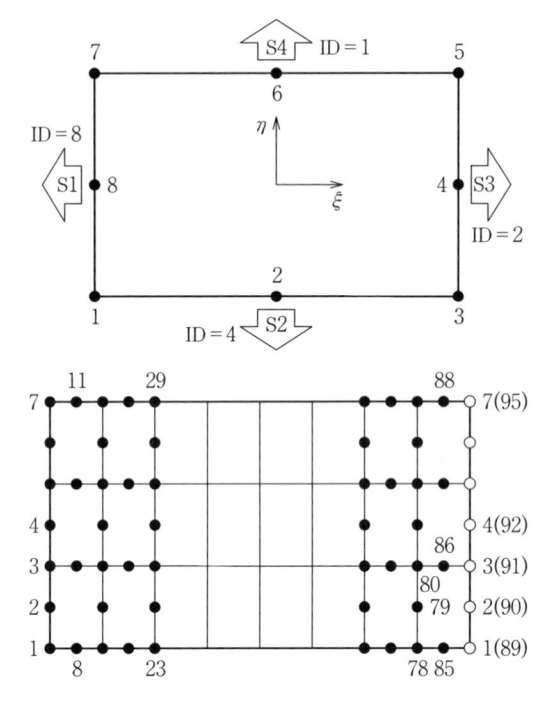

## 3. 各種軸受用プログラムとその使い方

図3.14 四角形2次要素の要素節点番号（トポロジー）と流出境界および全体節点番号

〔3〕 **dat3.txtの内容**　nflwpR個の絞りすべてについて，nfeed(i)ごとに，これに対応するつぎの(1)と(2)の組合せがnbedgeR個必要である（図3.20参照）。njoinR≠0の場合でも，接合点を考慮しないトポロジーとする。

図3.14上図に流出境界辺のIDの定義を示す。すなわち，要素節点番号で

　　　辺7-1(S1)：ID=8　　　辺1-3(S2)：ID=4
　　　辺3-5(S3)：ID=2　　　辺5-7(S4)：ID=1

である。S1とS2が同時にある場合は12(=8+4)とする。四辺から流出があれば，15(=8+4+2+1)となる。

(1)　トポロジー（10i5）

　　　loutelm(1)　　　要素番号
　　　loutelm(2)　　　流出境界辺のID

3.3 ジャーナル軸受解析のための入力データと出力　　61

| 要素番号 | トポロジー，要素節点番号順の全体節点番号 | | | | | | | |
|---|---|---|---|---|---|---|---|---|
| ① | 1 | 24 | 36 | 37 | 38 | 25 | 3 | 2 |
| 1  |       |       | .000000  |       | .000000  |
| 24 |       |       | 1.308997 |       | .000000  |
| 36 |       |       | 2.617994 |       | .000000  |
| 37 | 節点座標値 | 2.617994 | 節点座標値 | 1.363636 |
| 38 |       |       | 2.617994 |       | 2.727273 |
| 25 | coord(i, 1) | 1.308997 | coord(i, 2) | 2.727273 |
| 3  |       |       | .000000  |       | 2.727273 |
| 2  |       |       | .000000  |       | 1.363636 |
| ②  | 3 | 25 | 38 | 39 | 40 | 26 | 5 | 4 |
| 3  |       |       | .000000  |       | 2.727273 |
| 25 |       |       | 1.308997 |       | 2.727273 |
| 38 |       |       | 2.617994 |       | 2.727273 |
| 39 |       |       | 2.617994 |       | 4.090909 |
| 40 |       |       | 2.617994 |       | 5.454545 |
| 26 |       |       | 1.308997 |       | 5.454545 |
| 5  |       |       | .000000  |       | 5.454545 |
| 4  |       |       | .000000  |       | 4.090909 |
| ③  | 5 | 26 | 40 | 41 | 42 | 27 | 7 | 6 |
| 5  |       |       | .000000  |       | 5.454545 |
| 26 |       |       | 1.308997 |       | 5.454545 |
| 40 |       |       | 2.617994 |       | 5.454545 |
| 41 |       |       | 2.617994 |       | 6.818182 |
| 42 |       |       | 2.617994 |       | 8.181818 |
| 27 |       |       | 1.308997 |       | 8.181818 |
| 7  |       |       | .000000  |       | 8.181818 |
| 6  |       |       | .000000  |       | 6.818182 |

図 3.15　dat2.txt の例

  lnods(1)　　　その要素の要素節点番号 1 に対応する全体節点番号
   ⋮
  lnods(8)　　　その要素の要素節点番号 8 に対応する全体節点番号

(2) 節点番号，節点座標値（5i, 2f20.6）

 つぎをセットにして，nnodpR 個（nnodpR = 8）。

 節点番号　　　読み込まれない。データを見やすくするため。

 coord(i, 1)　　要素節点番号 $i$ の $x$ 座標値　　　　　　　単位：〔mm〕

 coord(i, 2)　　要素節点番号 $i$ の $y$ 座標値　　　　　　　単位：〔mm〕

 図 3.16 に dat3.txt の例を示す。

〔4〕 **dat4.txt の内容**　　njoinR ≠ 0 の場合にのみ必要なデータファイルであり，つぎの(1)と(2)の組合せが nelemR 個必要である。ただし，接合点を考慮しないトポロジーとする。

3. 各種軸受用プログラムとその使い方

```
要素番号         トポロジー，要素節点番号順の全体節点番号
 ③  ①    5   26   40   41   42   27    7    6
  5   境界ID        .000000           5.454545
 26            1.308997              5.454545
 40            2.617994              5.454545
 41   節点座標値   2.617994   節点座標値   6.818182
 42            2.617994              8.181818
 27   coord(i,1)  1.308997   coord(i,2)  8.181818
  7            .000000              8.181818
  6            .000000              6.818182
 14   1   40   61   75   76   77   62   42   41
 40            2.617994              5.454545
 61            3.926991              5.454545
 75            5.235988              5.454545
 76            5.235988              6.818182
 77            5.235988              8.181818
 62            3.926991              8.181818
 42            2.617994              8.181818
 41            2.617994              6.818182
 25   3   75   96  110  111  112   97   77   76
 75            5.235988              5.454545
 96            6.544985              5.454545
110            7.853982              5.454545
111            7.853982              6.818182
112            7.853982              8.181818
 97            6.544985              8.181818
 77            5.235988              8.181818
 76            5.235988              6.818182
```

**図 3.16** dat3.txt の 例

(1) トポロジー (9i5)

  nel　　　　　　　要素番号

  lnods(1)　　　　その要素の要素節点番号1に対応する全体節点番号

    ⋮

  lnods(8)　　　　その要素の要素節点番号8に対応する全体節点番号

(2) 節点番号，節点座標値 (5i, 2f20.6)

  つぎをセットにして，nnodpR 個 (nnodpR=8)。

  節点番号　　　　読み込まれない。データを見やすくするため。

  coord(i,1)　　　要素節点番号 $i$ の $x$ 座標値　　　　　単位：[mm]

  coord(i,2)　　　要素節点番号 $i$ の $y$ 座標値　　　　　単位：[mm]

以上のデータを用意する必要があるが，CD-ROM 中のフォルダ DAT にある

3.3 ジャーナル軸受解析のための入力データと出力　　63

プログラム DATMAKE が，簡単なプログラムではあるが，データ作成の一助となる。このプログラムは，主として要素データを生成するもので，以下はこのプログラムに特有の事項である。

(1) 倍精度計算である。
(2) 矩形領域を各軸に沿って等間隔に分割する。
(3) 要素番号および節点番号の付け方は，**図 3.17** のように決められている。

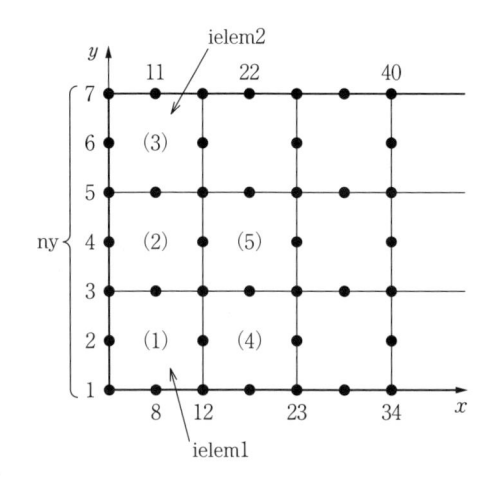

**図 3.17** データ生成プログラムにおける矩形領域に対する要素番号，節点番号

(4) dat1.txt に必要なデータのうち，(4)の一部，(5), (13), (14), (15)の一部が生成される。**図 3.18** に生成されたデータの例を示す。
(5) ただし，(14)には重複したデータがあるので削除して一つにする必要がある。
(6) dat2.txt, dat3.txt, dat4.txt が生成される。
(7) dat3.txt は dat2.txt から必要な要素データを抜き出し，流出境界辺のID を付け加えたものである。
(8) dat4.txt は dat2.txt と接合点の節点番号が異なっている。
(9) 2.3.2項で説明した smartGRAPH および Graph-R 用のデータも生成される。

対話式に要素データ生成が行われるようになっており，datmake.f ファイル

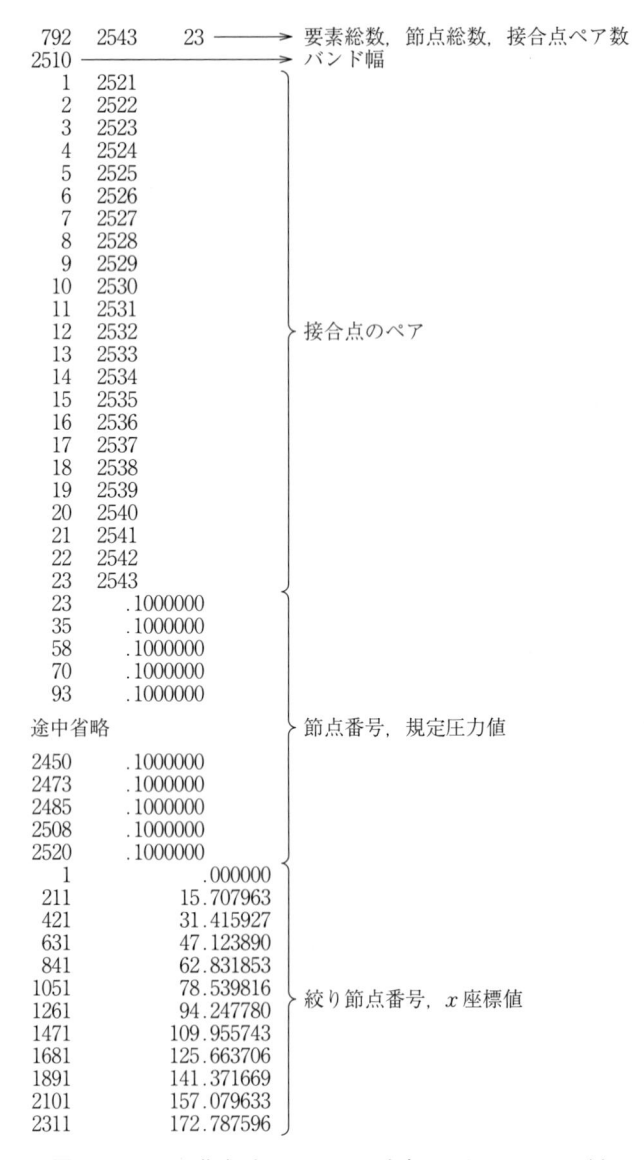

64   3. 各種軸受用プログラムとその使い方

```
       792    2543      23 ─────▶ 要素総数, 節点総数, 接合点ペア数
      2510 ─────────────────────▶ バンド幅
         1    2521  ⎫
         2    2522  ⎪
         3    2523  ⎪
         4    2524  ⎪
         5    2525  ⎪
         6    2526  ⎪
         7    2527  ⎪
         8    2528  ⎪
         9    2529  ⎪
        10    2530  ⎪
        11    2531  ⎪
        12    2532  ⎬ 接合点のペア
        13    2533  ⎪
        14    2534  ⎪
        15    2535  ⎪
        16    2536  ⎪
        17    2537  ⎪
        18    2538  ⎪
        19    2539  ⎪
        20    2540  ⎪
        21    2541  ⎪
        22    2542  ⎪
        23    2543  ⎭
        23         .1000000  ⎫
        35         .1000000  ⎪
        58         .1000000  ⎬
        70         .1000000  ⎪
        93         .1000000  ⎪
      途中省略                  ⎬ 節点番号, 規定圧力値
      2450         .1000000  ⎪
      2473         .1000000  ⎪
      2485         .1000000  ⎪
      2508         .1000000  ⎪
      2520         .1000000  ⎭
         1              .000000  ⎫
       211            15.707963  ⎪
       421            31.415927  ⎪
       631            47.123890  ⎪
       841            62.831853  ⎪
      1051            78.539816  ⎬ 絞り節点番号, x 座標値
      1261            94.247780  ⎪
      1471           109.955743  ⎪
      1681           125.663706  ⎪
      1891           141.371669  ⎪
      2101           157.079633  ⎪
      2311           172.787496  ⎭
```

図 3.18 データ作成プログラムから出力された dat1.txt の例

には日本語で説明してある部分もあるので，使い方は難しくないと思われるが，圧力と流量に関する部分を説明する。

データ生成プログラムにおいて，圧力規定の境界条件を定める際のnumxRおよびnumyRとは図3.19に示すラインの番号である。例えば解析領域の境界が大気に接しているとすれば，nxbounR＝1でnumxR＝1そしてpresX＝0.1 MPaとなり，nybounR＝1でnumyR＝1そしてpresY＝0.1 MPaとなる。これに基づいて，numxR＝1およびnumyR＝1のライン上にあるすべての節点番号が拾い出され，節点値が0.1に設定される。注意点としては，この例から明らかなように，節点番号が重複する場合があるので，その場合はどちらか一方を削除する必要がある（dat1.txtファイルを編集する）。

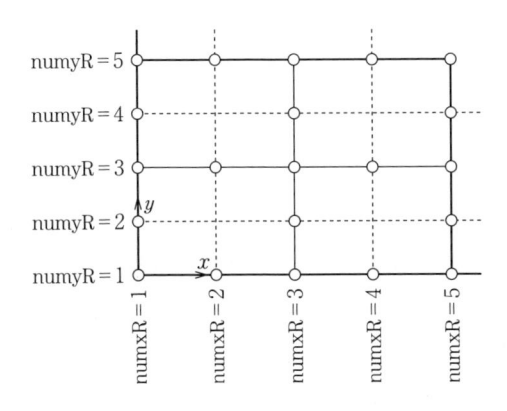

図3.19 データ生成プログラムにおけるライン番号の意味

dat3.txtは軸受すきまからの流出流量を算出するのに必要なデータである。図3.20において，図（a）は絞りが一つである。この場合，流れは絞りから外側へ向かっていくので，破線で示した流出流量を算出するための境界辺は，絞りを囲むように閉じていればどこでもよい。軸受すきまが一様であろうとなかろうと，境界辺は同図のどちらの破線でもよいし，軸受の外縁でもよい。

ところが，図（b）には絞りが二つ（一般には二つ以上）ある。もちろん，二つの絞りから流入した流量の総和は軸受すきまから流出する流量と等しくなければならないが，総流量が等しければよいということにはならない。それぞれの絞りの出口圧力は，その絞りから軸受へ流入する流量と軸受すきまから流

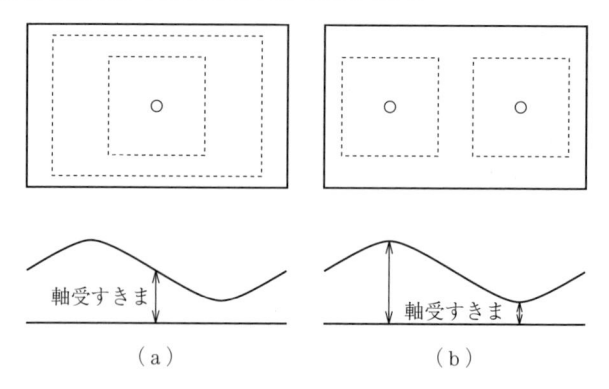

66　3. 各種軸受用プログラムとその使い方

**図 3.20** 流出境界位置の決め方

出する総流量のうちの当該絞りの分とが等しくなるように，決まらなければならないからである。軸受すきまが一様な場合は総流量の一致でよいが，図のように軸受すきまが一様でない場合は，明らかに，軸受すきまの大きい左の絞り出口圧力のほうが右より低くなければならない。したがって，流量の釣合いから絞り出口圧力を決定するためには，それぞれの絞りに対して，その周囲に流出流量を算出する境界辺を設定しなければならない。例えば，図の破線のようである。この境界辺をより外側に設ければここを流体が横切る長さ（幅）が長くなり，より内側にすれば短くなるが，それぞれの境界を横切る質量流量は同じであるから，短いほうは流速が大きくなっている，すなわち圧力勾配が大きくなっている。ということは，一つの絞りを囲むように流出境界辺を定めればよいが，絞りの近くは避けるべきである。なぜなら，有限要素法の考え方からして，圧力変化が急な絞りの近傍の圧力値の精度は相対的に低く，これから算出される圧力勾配の精度も低いからである。

　なお，本書のプログラムにおける流出流量計算では，図 3.14 上図に示す S1 から S4 の矢印の方向が正の流量となるようにしてある。

### 3.3.2　非圧縮性流体・真円形・静圧ジャーナル軸受（HYDRO-STAT）

　つぎに，(B) 非圧縮性流体・真円形・静圧ジャーナル軸受，の解析に必要な入力データについて説明する。

絞りはキャピラリとオリフィスに対応しており，どちらかを指定する。

以下のものが，計算によって求められる。

(1) 節点圧力値
(2) 要素ごとの負荷容量＝(要素の平均圧力)×(要素の面積)
(3) 要素ごとの負荷容量を水平成分および垂直成分に分解し，それらの和を求めることにより，軸受としての水平方向および垂直方向の負荷容量が求められる。
(4) こうして求められた負荷容量が icoeff 倍（後述）されて出力される。
(5) ibalance＝1（後述）の場合には，軸受負荷容量と主軸の自重および荷重とが釣り合ったときの主軸の偏心比と偏心角も求められる。
(6) 軸受すきまから流出する流体の質量流量と絞りから流入する質量流量ならびに体積流量が求められる。

入力データファイルは，つぎの三つまたは四つのファイルである。

・dat1.txt

プログラム全体に関連したデータで，サブルーチン dinput で読み込まれる。

・dat2.txt

接合点の有無を考慮した要素データ（要素番号，トポロジー，節点番号，節点座標）で，サブルーチン matrix で読み込まれる。

・dat3.txt

接合点の有無を考慮しない流体流出境界データ（要素番号，流出境界辺のID，トポロジー，節点座標）で，サブルーチン flowout で読み込まれる。

・dat4.txt

njoinR≠0 の場合のみ必要であり，接合点の有無を考慮しない要素データ（要素番号，トポロジー，節点番号，節点座標）で，サブルーチン capacity で読み込まれる。

出力ファイルは，以下の三つである。

・file.txt

任意のファイル名で，標準出力をこのファイルにリダイレクションしたも

の。xxx.exe > file.txt で得られる。

・presdat.txt

Graph-R 用のデータで，MPa 単位の圧力値のみが，節点番号順に書き込まれたファイルとして，サブルーチン writer によって自動的に生成される。

・pres.dat

smartGRAPH 用のデータファイルで，節点番号と MPa 単位の圧力値が書き込まれたファイルとして，サブルーチン writer によって自動的に作成される。

## dat1.txt の内容

(1) タイトル（a72）

  title  72 文字以内のタイトル

(2) コントロール（2i5）

  ibalance  軸受負荷容量（圧力による力）と自重および荷重との釣合い

      偏心比と偏心角を規定…………………………0

      釣合い時の偏心比と偏心角を求める………1

  iwrite  要素データを check.txt に出力するか。

      しない…………0

      する……………1

(3) コントロール（2i5）

  nsymmeR  対称性を利用して絞りを含む断面を境界とした場合は対応する数値（図 3.11（a），（c）の場合では 2），そうでない場合は 1 とする。これは，メインプログラムにおいて，絞りからの流入流量 qin(i) を計算する際に用いられる。

  icoeff  対称性を利用して解析領域を実際の $1/n$ にした場合は，その数 $n$（図 3.11 すべての場合で 2）。これは，サブルーチン capacity において，計算された fv, fh, fn

## 3.3 ジャーナル軸受解析のための入力データと出力

を $n$ 倍するのに用いられる。

(4) コントロール (6i5)

  nelemR  要素総数

  npoinR  節点総数（接合点ペア数を考慮しない見かけの節点総数）

  njoinR  接合点ペア総数

        接合点とは，平面に展開したときの切り口上にある節点である（図3.8）。接合点がない場合は0とする。

  nbpoinR  大気との境界のように節点圧力値が既知の節点の総数

  nflwpR  接合点を考慮した絞り総数（接合点は同一の接点であるから，図3.11の場合はすべて4）

  nbedgeR  一つの絞りに対応する一組の流出境界要素を構成する要素の数（すべての絞りについて同数）

        一つの要素が複数の流出境界をもっている場合も要素の数は1とする。dat3.txt の説明を参照のこと

(5) コントロール (i5)

  nbandR  節点番号の付け方によって決まる全体剛性マトリックスのバンド幅（図3.12参照。詳細は4.5節で説明）

        バンド幅＝1要素内の節点番号間の差の最大値
            （全要素を考慮）+1

(6) コントロール (f10.8)

  tolerQ  流出・流入流量の釣合い判定における許容値

        流出・流入流量の比較において，両者の差の比率がこれ以下になったら一致したとみなす。

(7) コントロール (2f10.3)

  このデータは，ibalance＝1（釣合い計算をする）の場合に必要である。

  tolerV  垂直方向の力と自重との釣合いを判定する際の許容値

                  単位：〔N〕

70    3. 各種軸受用プログラムとその使い方

|  | tolerH | 水平方向の力の釣合い判定における許容値 | |
|---|---|---|---|
|  |  |  | 単位：〔N〕 |

(8) 特 性 値 (f10.7, f10.4, f10.4)

|  | ambipres | 周囲圧力（大気圧） | 単位：〔MPa〕 |
|---|---|---|---|
|  | dens | 軸受すきま内の流体の密度 | 単位：〔kg/m$^3$〕 |
|  | visco | 軸受すきま内の流体の粘性係数 | 単位：〔mPa·s〕 |

(9) 軸受データ (8f10.3)

- w1 　　垂直方向の作用力（軸の自重＋外力）　　単位：〔N〕
  ibalance＝0 の場合は任意の値
- w2 　　水平方向の作用力　　単位：〔N〕
  ibalance＝0 の場合は任意の値
- sdia 　　軸の直径　　単位：〔mm〕
- h0 　　平均軸受すきま　　単位：〔mm〕
- epsilon 　　偏心比
  ibalance＝0 の場合は，指定された値
  ibalance＝1 の場合は，0.0 から 1.0 の範囲で仮定した値
- beta 　　偏心角　　単位：〔°〕(degree)
  ibalance＝0 の場合は，指定された値
  ibalance＝1 の場合は 0.0 から 90.0 の範囲で仮定した値
- u 　　$x$ 方向の滑り速度　　単位：〔m/s〕
- v 　　$y$ 方向の滑り速度（＝0.0）　　単位：〔m/s〕

(10) 軸受データ (i5)

- jtype 　　絞りの種類
  キャピラリ………1
  オリフィス………2

## 3.3 ジャーナル軸受解析のための入力データと出力

(11) 軸受データ (3f10.4)

    jtype = 1 の場合

| | | |
|---|---|---|
| dia | キャピラリの直径 | 単位：[mm] |
| clength | キャピラリの長さ | 単位：[mm] |
| ps | 流体供給圧力（絶対圧） | 単位：[MPa] |

    jtype = 2 の場合

| | | |
|---|---|---|
| dia | オリフィスの直径 | 単位：[mm] |
| orifice | オリフィスの流量係数（0.6 から 0.8, 通常 0.8） | |
| ps | 流体供給圧力（絶対圧） | 単位：[MPa] |

(12) 接合点 (2i5)

このデータは，njoinR ≠ 0 の場合（接合点ペアあり）の場合に必要である。

つぎをセットにして，njoinR 個。

    jointp(i, 1)    接合される節点の番号（図 3.13 の $i$）

    jointp(i, 2)    上記の節点に接合する節点の番号（図 3.13 の $i+n$）

(13) 規定節点圧力値 (i5, 1x, f10.7)

つぎをセットにして，nbpoinR 個。

| | | |
|---|---|---|
| lgivp(i) | 圧力が規定されている節点の番号 | |
| dgivval(i) | 規定される圧力値（絶対圧） | 単位：[MPa] |

(14) 給気孔節点番号，圧力，軸受すきま (i5, 1x, f10.7, f10.6)

つぎをセットにして，nflwpR 個。

| | | |
|---|---|---|
| nfeed(i) | 絞りが存在する節点の番号 | |
| pvalue(i) | ps 未満の仮の出口圧力値（絶対圧） | 単位：[MPa] |
| xcoord(i) | 絞りが存在する節点の $x$ 座標値 | 単位：[mm] |

dat2.txt, dat3.txt, dat4.txt の内容は，3.3.1 項の圧縮性流体・真円形・静圧ジャーナル軸受解析とまったく同じである。

以上のデータを用意する必要があるが，CD-ROM 中のフォルダ DAT にある

72    3. 各種軸受用プログラムとその使い方

プログラム DATMAKE が，簡単なプログラムではあるが，データ作成の一助となる。dat1.txt の(4)の一部，(5)，(12)，(13)，(14)の一部，および dat2.txt，dat3.txt，dat4.txt を生成することができる。ただし，dat1.txt の(13)は修正が必要である。dat3.txt は dat2.txt から必要な要素データを抜き出し，流出境界辺の ID を付け加えたものである。また，2.3.2項で説明した smartGRAPH および Graph-R 用のデータも生成される。このプログラムの使用上の注意は，3.3.1項を参照していただきたい。

### 3.3.3 非圧縮性流体・真円形・動圧ジャーナル軸受（HYDRO-DYN）

最後に，(C) 非圧縮性流体・真円形・動圧ジャーナル軸受，の解析に必要な入力データについて説明する。

以下のものが，計算によって求められる。

(1) 節点圧力値
(2) 要素ごとの負荷容量＝(要素の平均圧力)×(要素の面積)
(3) 要素ごとの負荷容量を水平成分および垂直成分に分解し，それらの和を求めることにより，軸受としての水平方向および垂直方向の負荷容量が求められる。
(4) こうして求められた負荷容量が icoeff 倍（後述）されて出力される。
(5) 軸受すきまから流出する流体の質量流量と体積流量が求められる。

入力データファイルは，つぎの三つまたは四つのファイルである。

・dat1.txt

プログラム全体に関連したデータで，サブルーチン dinput で読み込まれる。

・dat2.txt

接合点の有無を考慮した要素データ（要素番号，トポロジー，節点番号，節点座標）で，サブルーチン matrix で読み込まれる。

・dat3.txt

接合点の有無を考慮しない流体流出境界データ（要素番号，流出境界辺の ID，トポロジー，節点座標）で，サブルーチン flowout で読み込まれる。

・dat4.txt

njoinR ≠ 0 の場合のみ必要であり，接合点の有無を考慮しない要素データ（要素番号，トポロジー，節点番号，節点座標）で，サブルーチン capacity で読み込まれる。

出力ファイルは，以下の三つである。

・file.txt

任意のファイル名で，標準出力をこのファイルにリダイレクションしたもの。xxx.exe ＞ file.txt で得られる。

・presdat.txt

Graph-R 用のデータで，MPa 単位の圧力値のみが，節点番号順に書き込まれたファイルとして，サブルーチン writer によって自動的に生成される。

・pres.dat

smartGRAPH 用のデータファイルで，節点番号と MPa 単位の圧力値が書き込まれたファイルとして，サブルーチン writer によって自動的に作成される。

## dat1.txt の内容

(1) タイトル（a72）

  title  72 文字以内のタイトル

(2) コントロール（i5）

  iwrite  要素データを check.txt に出力するか。

      しない………0

      する…………1

(3) コントロール（i5）

  icoeff  対称性を利用して解析領域を実際の $1/n$ にした場合は，その数 $n$（図 3.11 すべての場合で 2）。これは，サブルーチン capacity において，計算された fv, fh, fn を $n$ 倍するのに用いられる。

(4) コントロール (5i5)

    nelemR    要素総数

    npoinR    節点総数（接合点ペア数を考慮しない見かけの節点総数）

    njoinR    接合点ペア総数

                  接合点とは，平面に展開したときの切り口上にある節点である（図3.8）。接合点がない場合は0とする。

    nbpoinR    大気との境界のように節点圧力値が既知の節点の総数

    nbedgeR    流出流量を計算するための境界を構成する要素の数

                  一つの要素が複数の流出境界をもっている場合も要素の数は1とする。dat3.txtの説明を参照のこと

(5) コントロール (i5)

    nbandR    節点番号の付け方によって決まる全体剛性マトリックスのバンド幅（図3.12参照。詳細は4.5節で説明）

$$\text{バンド幅} = \text{一要素内の節点番号間の差の最大値（全要素を考慮）} + 1$$

(6) 特 性 値 (f10.7, f10.4, f10.4)

| | | |
|---|---|---|
| ambipres | 周囲圧力（大気圧） | 単位：〔MPa〕 |
| dens | 軸受すきま内の流体の密度 | 単位：〔kg/m$^3$〕 |
| visco | 軸受すきま内の流体の粘性係数 | 単位：〔mPa·s〕 |

(7) 軸受データ (6f10.3)

| | | |
|---|---|---|
| sdia | 軸の直径 | 単位：〔mm〕 |
| h0 | 平均軸受すきま | 単位：〔mm〕 |
| epsilon | 偏心比 | |
| beta | 偏心角 | 単位：〔°〕(degree) |
| u | $x$方向の滑り速度 | 単位：〔m/s〕 |
| v | $y$方向の滑り速度（=0.0） | 単位：〔m/s〕 |

## 3.3 ジャーナル軸受解析のための入力データと出力

(8) 接 合 点 (2i5)

このデータは，njoinR ≠ 0 の場合（接合点ペアあり）の場合に必要である。

つぎをセットにして，njoinR 個。

jointp(i, 1)　　接合される節点の番号（図 3.13 の $i$）

jointp(i, 2)　　上記の節点に接合する節点の番号（図 3.13 の $i+n$）

(9) 規定節点圧力値（i5, 1x, f10.7）

つぎをセットにして，nbpoinR 個。

lgivp(i)　　圧力が規定されている節点の番号

dgivval(i)　　規定される圧力値（絶対圧）　　　　単位：〔MPa〕

dat2.txt，dat3.txt，dat4.txt の内容は，3.3.1 項の圧縮性流体・真円形・静圧ジャーナル軸受解析とまったく同じである。

以上のデータを用意する必要があるが，CD-ROM 中のフォルダ DAT にあるプログラム DATMAKE が，簡単なプログラムではあるが，データ作成の一助となる。dat1.txt の (4) の一部，(5)，(8)，(9) および dat2.txt，dat3.txt，dat4.txt を生成することができる。ただし，dat1.txt の (9) は修正が必要である。dat3.txt は dat2.txt から必要な要素データを抜き出し，流出境界辺の ID を付け加えたものである。また，2.3.2 項で説明した smartGRAPH および Graph-R 用のデータも生成される。このプログラムの使用上の注意は，3.3.1 項を参照していただきたい。

### 3.3.4 解析結果の見方

プログラムの実行が正常に終了すると，3.3.1 項から 3.3.3 項で説明したように，いくつかのファイルが生成される。

check.txt は自動的に生成されるが，圧縮性流体の場合にはここに

・圧力に関する繰返し計算の過程と収束結果

・流量の釣合いに関する繰返し計算の過程と収束結果

・力の釣合いに関する繰返し計算の過程と収束結果（ibalance＝1）
が出力される。

　圧力に関しては，繰返しの前（presold）と後（presnew）の変化率の変化の様子が記録されている。繰返し回数が増えるにつれて圧力変化は小さくなるので，tolerP を小さくしすぎると，計算が永久に続くことになる。

　流量に関して，qout1 などが負（NEGATIVE）と記録されている場合があるが，これは流出境界として選択した辺を横切る流れが外向きではなく内向きであることを示している。流量の釣合いは，絞りを囲む流出境界辺を横切る流量の総和をとっているので，総和が正であれば，これが正味の流出流量であるから問題ない。また，釣合い状態に近づくにつれて絞り出口圧力の変化は小さくなるから圧力分布の変化も小さくなり，つまりは流量の変化も小さくなる。したがって，tolerQ を小さくしすぎると，計算が永久に続くことになる。

　圧縮性流体に特有の現象として，式（1.6）で表されるように，閉塞またはチョーク（choke）がある。すなわち，上流と下流の圧力比がある値を境に流量が一定となってしまう。絞りからの流入流量が記録されているところで，CHOKED とあるのがこれである。計算の途中で絞り出口圧力が変化するわけであるが，この中で現れることがある。

　力の釣合いについても繰返し計算の過程が記録されているが，tolerV や tolerH を小さくしすぎると，上記と同様のことがいえる。

　なお，入力データ中のコントロール iwrite に 1 を与えれば，読み込まれた要素データがプログラム内で算出された軸受すきまの値とあわせて出力される。作成した要素データに誤りはないか，そのデータが正しく読み込まれているかなどのチェックに利用できる。

　任意のファイル名を指定した出力ファイル（ここでは，file.txt）には

・dat1.txt から読み込まれたデータのほとんど

・節点番号と計算結果としての圧力値

・平面を円筒面に戻したときの要素の中心の角度と面積（**図 3.21**）

・要素当りの法線，垂直，水平方向負荷容量（図 3.21）

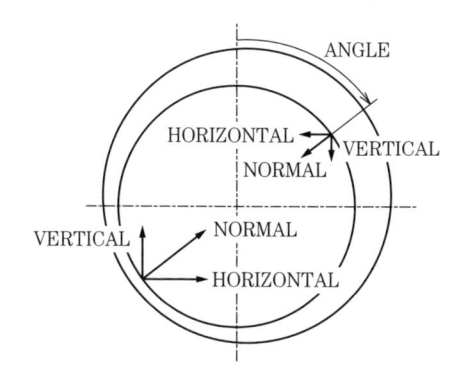

**図 3.21** 要素の角度位置ごとの法線,垂直,水平方向負荷容量

・軸受面積,軸受負荷容量の垂直および水平成分,偏心比,偏心角
・流量

などが出力される。

## 3.4 スラスト軸受解析のための入力データと出力

ここでは,CD-ROM に収録のプログラムのうち,スラスト軸受に対する解析が可能な,以下の軸受について説明する。

(A) 圧縮性流体・矩形・静圧スラスト軸受

 プログラム名:GS-RECT

 絞    り:自成絞りまたはオリフィス絞りで,寸法から自動判別される。

 軸 受 形 状:矩形,対向式

 特 記 事 項:並進変位のみであるが,軸受負荷容量と荷重とが釣り合ったときの位置を求めることもできる。

 収 録 場 所:/GAS/STAT/HOLE/GS-RECT/PROG-1 または PROG-2

(B) 非圧縮性流体・矩形・静圧スラスト軸受

 プログラム名:HS-RECT

 絞    り:オリフィス絞りかキャピラリ絞りを指定する。

軸 受 形 状：矩形，対向式

特 記 事 項：並進変位のみであるが，軸受負荷容量と荷重とが釣り合ったときの位置を求めることもできる。

収 録 場 所：/LIQUID/STAT/HS-RECT/PROG-1 または PROG-2

(C) 圧縮性流体・矩形・動圧スラスト軸受

プログラム名：GD-RECT

軸 受 形 状：矩形

特 記 事 項：軸受すきまの値を定義する関数を変更すれば，表面絞り軸受にも適用できる。

収 録 場 所：/GAS/DYN/GD-RECT/PROG-1 または PROG-2

(D) 非圧縮性流体・矩形・動圧スラスト軸受

プログラム名：HD-RECT

軸 受 形 状：矩形

特 記 事 項：軸受すきまの値を定義する関数を変更すれば，表面絞り軸受にも適用できる。

収 録 場 所：/LIQUID/DYN/HD-RECT/PROG-1 または PROG-2

スラスト軸受は両方向のスラスト荷重を支持するために，**図 3.22** のように対向式で用いるのが普通であるので，(A) 圧縮性流体・矩形・静圧スラスト軸受，の解析および，(B) 非圧縮性流体・矩形・静圧スラスト軸受，の解析プログラムはこのことを考慮している。

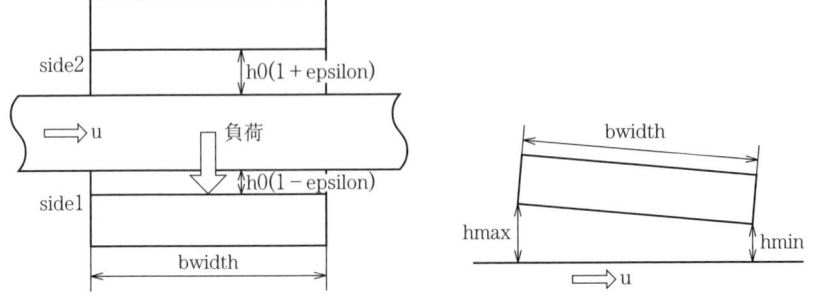

図 3.22 矩形対向式静圧スラスト軸受(A)，(B)　　図 3.23 矩形傾斜平面パッド軸受(C)，(D)

## 3.4 スラスト軸受解析のための入力データと出力

ただし，(C) 圧縮性流体・矩形・動圧スラスト軸受，の解析および，(D) 非圧縮性流体・矩形・動圧スラスト軸受，の解析は対向式には対応しておらず，単一の，例えば図 3.23 に示す傾斜平面パッド軸受を対象としている。図 3.23 は図 1.7 ( a ) の傾斜平面軸受であるが，図 ( b ) や図 ( c ) の段付き軸受やテーパード・ランド軸受については，軸受すきまを定めている関数サブプログラムまたはサブルーチン副プログラム clearance を修正すれば，簡単に対応できる。具体的には 4.9 節で説明する。

(E) 圧縮性流体・環状/矩形・静圧スラスト軸受

　　プログラム名：GS-ANNULAR

　　絞　　　り：自成絞りまたはオリフィス絞りで，寸法から自動判別される。

　　軸 受 形 状：環状あるいは矩形，対向式

　　特 記 事 項：並進変位および $y$ 軸または xcenter 軸まわりの傾きに関して，軸受負荷容量と荷重とが釣り合ったときの位置を求めることもできる。

　　収 録 場 所：/GAS/STAT/HOLE/GS-ANNULAR/PROG-1 または PROG-2

(F) 圧縮性流体・円形/矩形・静圧スラスト軸受

　　プログラム名：GS-CIRCULAR

　　絞　　　り：自成絞りまたはオリフィス絞りで，寸法から自動判別される。

　　軸 受 形 状：円形あるいは矩形，対向式

　　特 記 事 項：並進変位および $y$ 軸または xcenter 軸まわりの傾きに関して，軸受負荷容量と荷重とが釣り合ったときの位置を求めることもできる。

　　収 録 場 所：/GAS/STAT/HOLE/GS-CIRCULAR/PROG-1 または PROG-2

(G) 圧縮性流体・環状/矩形・表面絞り型静圧スラスト軸受

　　　プログラム名：GS-SURFACE
　　　絞　　　　り：表面絞り以外なし
　　　軸 受 形 状：環状あるいは矩形，対向式
　　　特 記 事 項：並進変位および $y$ 軸または xcenter 軸まわりの傾きに関して，軸受負荷容量と荷重とが釣り合ったときの位置を求めることもできる．
　　　収 録 場 所：/GAS/STAT/SURFACE/GS-SURFACE/PROG-1 または PROG-2

以下は，本節のプログラムに特有の事項である．

(1) 倍精度計算である．
(2) プログラム中で宣言されている配列の大きさは，dims.i に parameter として記述されている．この宣言されている配列のサイズは実際のサイズより大きくなければならないので，不足している場合は parameter に与えている数値を変更すればよい．
(3) 入力データファイルはすべて，プログラム内の open 文によって開かれる．
(4) プログラム内での計算は，SI 単位で行われている．
(5) プログラム内の open 文によって新規のファイル check.txt が開かれ，計算の経過や多量の要素データなどが書き込まれる．
(6) 軸受すきまの値は要素に関する入力データとして読み込ませるのではなく，関数副プログラムまたはサブルーチン副プログラムに定義している．
(7) 解析領域の全体座標系は，環状スラスト軸受および円形スラスト軸受の場合は，後述の図 3.24 および図 3.31 のように定められているものとし，矩形スラスト軸受の場合はジャーナルを平面に展開した図 3.8 と同じに定められているものとする．
(8) (A) 圧縮性流体・矩形・静圧スラスト軸受

　　　　(B)　非圧縮性流体・矩形・静圧スラスト軸受
　　　　(C)　圧縮性流体・矩形・動圧スラスト軸受
　　　　(D)　非圧縮性流体・矩形・動圧スラスト軸受
　　　　(E)　圧縮性流体・環状/矩形・静圧スラスト軸受
　　　　(G)　圧縮性流体・環状/矩形・表面絞り型静圧スラスト軸受
　　においては，2次の四角形アイソパラメトリック要素を用いている。
　　　　(F)　圧縮性流体・円形/矩形・静圧スラスト軸受
　　においては，円形であることから，1次の三角形要素を用いている。
(9)　オリフィス，キャピラリ，自成といった細孔による絞りは，その直径が小さいので点源（point source）とみなす。したがって，絞りの位置に節点が存在するように要素分割する。
(10)　(A) 圧縮性流体・矩形・静圧スラスト軸受，および，(B) 非圧縮性流体・矩形・静圧スラスト軸受，については，3.3節の(A) 圧縮性流体・真円形・静圧ジャーナル軸受，の解析および，(B) 非圧縮性流体・真円形・静圧ジャーナル軸受，の解析と同様に，支持物体の自重やこれに作用する荷重と軸受負荷容量とが釣り合うまで繰り返し計算し（数値が完全に一致することはないので，実際は許容値を指定して一致とみなす），釣合い時の位置を求めることができる。
(11)　これに加え，(E) 圧縮性流体・環状/矩形・静圧スラスト軸受，(F) 圧縮性流体・円形/矩形・静圧スラスト軸受，(G) 圧縮性流体・環状/矩形・表面絞り型静圧スラスト軸受，においては，モーメントによる傾きの釣合い時の位置を求めることもできる。
(12)　軸受すきまは $x, y$ 座標系でも $r$（半径）座標系でも定義できる。特に，環状形および円形の軸受では半径位置で定義したほうが簡単である。詳細は4.9節で説明する。

### 3.4.1　圧縮性流体・矩形・静圧スラスト軸受（GS-RECT）

はじめに，(A) 圧縮性流体・矩形・静圧スラスト軸受，の解析に必要な入

力データについて説明する。

絞りは自成とオリフィスに対応しており，両者の絞り面積の比較により，プログラム内で自動的にどちらかが選択される。

以下のものが，計算により求められる。

(1) 節点圧力値
(2) 要素ごとの負荷容量＝(要素の平均圧力)×(要素の面積)
(3) 対向式の軸受双方について，要素ごとの負荷容量の和を求めることにより，軸受負荷容量が求められ，双方の軸受負荷容量の差が算出される。
(4) こうして求められた負荷容量が icoeff 倍されて出力される。
(5) ibalance＝1 の場合には，軸受負荷容量と支持物体の自重および荷重とが釣り合ったときの支持物体の位置を表す偏位率も求められる。
(6) 軸受すきまから流出する流体の質量流量と絞りから流入する質量流量が求められる。

入力データファイルは，つぎの三つのファイルである。矩形のスラスト軸受であるから接合点なるものは存在しない。

・dat1.txt

プログラム全体に関連したデータで，サブルーチン dinput で読み込まれる。

・dat2.txt

要素データ（要素番号，トポロジー，節点番号，節点座標）で，サブルーチン matrix で読み込まれる。サブルーチン capacity でも読み込まれる。

・dat3.txt

流体流出境界データ（要素番号，流出境界辺の ID，トポロジー，節点座標）で，サブルーチン flowout で読み込まれる。

出力ファイルは，つぎの五つである。

・file.txt

任意のファイル名で，標準出力をこのファイルにリダイレクションしたもの。xxx.exe ＞ file.txt で得られる。

・presdat1.txt

3.4 スラスト軸受解析のための入力データと出力　　83

・presdat2.txt

　Graph-R 用のデータで，MPa 単位の圧力値のみが，節点番号順に書き込まれたファイルとして，サブルーチン writer によって，対向式それぞれの軸受について，自動的に生成される。

・pres1.dat

・pres2.dat

　smartGRAPH 用のデータファイルで，節点番号と MPa 単位の圧力値が書き込まれたファイルとして，サブルーチン writer によって，対向式それぞれの軸受について，自動的に作成される。

〔1〕 **dat1.txt の内容**

(1) タイトル（a72）

　　title　　　72 文字以内のタイトル

(2) コントロール（2i5）

　　ibalance　　軸受負荷容量（圧力による力）と自重および荷重との釣合い

　　　　　　　　　偏位率を規定……………………………0

　　　　　　　　　釣合い時の偏位率を求める。………1

　　iwrite　　　要素データを check.txt に出力するか。

　　　　　　　　　しない………0

　　　　　　　　　する…………1

(3) コントロール（2i5）

　　nsymmeR　　対称性を利用して絞りを含む断面を境界とした場合は対応する数値（図 3.11（c）の場合は 2，図（d）の場合は 1），そうでない場合は 1 とする。これは，メインプログラムおいて，絞りからの流入流量 qin(i) を計算する際に用いられる。

　　icoeff　　　対称性を利用して解析領域を実際の $1/n$ にした場合

は，その数 $n$（図 3.11（c），（d）の場合とも 2）。これは，サブルーチン capacity において，計算された fn を $n$ 倍するのに用いられる。

(4) コントロール（5i5）

| | |
|---|---|
| nelemR | 要素総数 |
| npoinR | 節点総数 |
| nbpoinR | 大気との境界のように節点圧力値が既知の節点の総数 |
| nflwpR | 絞り総数 |
| nbedgeR | 一つの絞りに対応する一組の流出境界要素を構成する要素の数（すべての絞りについて同数）。一つの要素が複数の流出境界をもっている場合も要素の数は1とする。dat3.txt の説明を参照のこと |

(5) コントロール（i5）

nbandR　節点番号の付け方によって決まる全体剛性マトリックスのバンド幅（図 3.12 参照。詳細は 4.5 節で説明）

　　　　バンド幅＝一要素内の節点番号間の差の最大値
　　　　　　　　（全要素を考慮）＋1

(6) コントロール（f10.8）

tolerP　圧力に関する繰返し計算（3.2.1項 参照）の収束判定における許容値。
　　　　繰返し前後の変化率がこれ以下になったら一致したとみなす。

(7) コントロール（f10.8）

tolerQ　流出・流入流量の釣合い判定における許容値。
　　　　流出・流入流量の比較において，両者の差の比率がこれ以下になったら一致したとみなす。

(8) コントロール（f10.3）

このデータは，ibalance＝1（釣合い計算をする）の場合に必要である。

## 3.4 スラスト軸受解析のための入力データと出力

|  | tolerV | 垂直方向の力と自重との釣合いを判定する際の許容値 |
|  |  | 単位：〔N〕 |

(9) 特　性　値 (f10.7, f10.4, f10.5, f10.3)

|  | ambipres | 周囲圧力（大気圧） | 単位：〔MPa〕 |
|  | ambitemp | 周囲温度 | 単位：〔K〕 |
|  | rhoa | 周囲圧力温度における気体の密度 | 単位：〔kg/m$^3$〕 |
|  | visco | 軸受すきま内の気体の粘性係数 | 単位：〔μPa·s〕 |

(10) 特　性　値 (2f10.4)

    gasconst　　　気体定数　　　　　　　　　　　　単位：〔J/(kg·K)〕

        単位質量当りで表された気体の状態方程式における気体定数，空気の場合 287.0 J/(kg·K)

    gamma　　　　気体の比熱比

(11) 軸受データ (5f10.3)

|  | w1 | 垂直方向の作用力（自重＋外力） | 単位：〔N〕 |
|  |  | ibalance=0 の場合は任意の値 |  |
|  | h0 | 平均軸受すきま | 単位：〔mm〕 |
|  | epsilon | 偏位率 |  |
|  |  | ibalance=0 の場合は，指定された値 |  |
|  |  | ibalance=1 の場合は，0.0 から 1.0 の範囲で仮定した値 |  |
|  | u | $x$ 方向の滑り速度 | 単位：〔m/s〕 |
|  | v | $y$ 方向の滑り速度（=0.0） | 単位：〔m/s〕 |

(12) 軸受データ (f10.4, f10.7)

|  | dia | 絞りの直径 | 単位：〔mm〕 |
|  | ps | 気体供給圧力（絶対圧） | 単位：〔MPa〕 |

(13) 規定節点圧力値 (i5, 1x, f10.7)

    つぎをセットにして，nbpoinR 個。

    lgivp(i)　　　　圧力が規定されている節点の番号

|  |  |  |
|---|---|---|
| dgivval(i) | 規定される圧力値（絶対圧） | 単位：〔MPa〕 |

(14) 給気孔節点番号，圧力，軸受すきま　(i5, 1x, f10.7, f10.6)
　　　つぎをセットにして，nflwpR 個。

|  |  |  |
|---|---|---|
| nfeed(i) | 絞りが存在する節点の番号 |  |
| pvalue(i) | ps 未満の仮の出口圧力値（絶対圧） | 単位：〔MPa〕 |
| xcoord(i) | 絞りが存在する節点の $x$ 座標値 | 単位：〔mm〕 |

〔2〕 **dat2.txt の内容**　つぎの(1)と(2)の組合せが nelemR 個必要である。

全体座標系 $(x, y)$ と局部座標系 $(\xi, \eta)$ の方向を一致させたほうが，トポロジーの指定間違い，すなわち要素節点番号と全体節点番号との対応の間違いが発生しにくい。

(1) トポロジー　(9i5)

|  |  |
|---|---|
| nel | 要素番号 |
| lnods(1) | その要素の要素節点番号 1 に対応する全体節点番号 |
| ⋮ |  |
| lnods(8) | その要素の要素節点番号 8 に対応する全体節点番号 |

(2) 節点番号，節点座標値　(5i, 2f20.6)
　　　つぎをセットにして，nnodpR 個（nnodpR = 8）。

|  |  |  |
|---|---|---|
| 節点番号 | 読み込まれない。データを見やすくするため。 |  |
| coord(i, 1) | 要素節点番号 $i$ の $x$ 座標値 | 単位：〔mm〕 |
| coord(i, 2) | 要素節点番号 $i$ の $y$ 座標値 | 単位：〔mm〕 |

〔3〕 **dat3.txt の内容**　nflwpR 個の絞りすべてについて，nfeed(i) ごとに，これに対応するつぎの(1)と(2)の組合せが nbedgeR 個必要である（図3.20参照）。

図 3.14 上図に流出境界辺の ID の定義を示す。すなわち，要素節点番号で

　　　辺 7-1(S1)：ID = 8　　　辺 1-3(S2)：ID = 4

　　　辺 3-5(S3)：ID = 2　　　辺 5-7(S4)：ID = 1

である。S1 と S2 が同時にある場合は 12 (= 8 + 4) とする。四辺から流出があれば，15 (= 8 + 4 + 2 + 1) となる。

(1) トポロジー（10i5）

    loutelm(1)　　　要素番号

    loutelm(2)　　　流出境界辺のID

    lnods(1)　　　　その要素の要素節点番号1に対応する全体節点番号

       ⋮

    lnods(8)　　　　その要素の要素節点番号8に対応する全体節点番号

(2) 節点番号，節点座標値（5i, 2f20.6）

    つぎをセットにして，nnodpR個（nnodpR＝8）。

    節点番号　　　　読み込まれない。データを見やすくするため

    coord(i, 1)　　　要素節点番号$i$の$x$座標値　　　　　単位：〔mm〕

    coord(i, 2)　　　要素節点番号$i$の$y$座標値　　　　　単位：〔mm〕

以上のデータを用意する必要があるが，CD-ROM中のフォルダDATにあるプログラムDATMAKEが，簡単なプログラムではあるが，データ作成の一助となる。このプログラムは，主として要素データを生成するもので，以下はこのプログラムに特有の事項である。

(1) 倍精度計算である。

(2) 矩形領域を各軸に沿って等間隔に分割する。

(3) 要素番号および節点番号の付け方は，図3.17のように決められている。

(4) dat1.txtに必要なデータのうち，(4)の一部，(5)，(13)，(14)の一部が生成される。

(5) ただし，(13)には重複したデータがあるので削除して一つにする必要がある。

(6) dat2.txt，dat3.txtが生成される。

(7) dat3.txtはdat2.txtから必要な要素データを抜き出し，流出境界辺のIDを付け加えたものである。

(8) 2.3.2項で説明したsmartGRAPHおよびGraph-R用のデータも生成さ

れる。

　対話式に要素データ生成が行われるようになっており，datmake.f ファイルには日本語で説明してある部分もあるので，使い方は難しくないと思われるが，圧力と流量に関する部分を説明する。

　numxR および numyR とは図 3.18 に示すラインの番号である。例えば，解析領域の境界が大気に接しているとすれば，nxbounR = 1 で numxR = 1，そして presX = 0.1 MPa となり，nybounR = 1 で numyR = 1，そして presY = 0.1 MPa となる。これに基づいて，numxR = 1 および numyR = 1 のライン上にあるすべての節点番号が拾い出され，節点値が 0.1 に設定される。注意点としては，この例から明らかなように，節点番号が重複する場合があるので，その場合はどちらか一方を削除する必要がある（dat1.txt ファイルを編集する）。

　dat3.txt は軸受すきまからの流出流量を算出するのに必要なデータである。図 3.20 において．図（a）は絞りが一つである。この場合，流れは絞りから外側へ向かっていくので，破線で示した流出流量を算出するための境界辺は，絞りを囲むように閉じていればどこでもよい。軸受すきまが一様であろうとなかろうと，境界辺は図の破線でもよいし，軸受の外縁でもよい。

　ところが，図（b）には絞りが二つ（一般には二つ以上）ある。もちろん，二つの絞りから流入した流量の和は軸受すきまから流出する流量と等しくなければならないが，総流量が等しければよいということにはならない。それぞれの絞りの出口圧力は，その絞りから軸受へ流入する流量と軸受すきまから流出する総流量のうちの当該絞りの分とが等しくなるように，決まらなければならないからである。軸受すきまが一様な場合は総流量の一致でよいが，図のように軸受すきまが一様でない場合は，明らかに，軸受すきまの大きい左の絞り出口圧力のほうが右より低くなければならない。したがって，流量の釣合いから絞り出口圧力を決定するためには，それぞれの絞りに対して，その周囲に流出流量を算出する境界辺を設定しなければならない。例えば，図の破線のようである。この境界辺をより外側に設ければここを流体が横切る長さ（幅）が長くなり，より内側にすれば短くなるが，それぞれの境界を横切る質量流量は同じ

であるから，短いほうは流速が大きくなっている．すなわち圧力勾配が大きくなっている．ということは，一つの絞りを囲むように流出境界辺を定めればよいが，絞りの近くは避けるべきである．なぜなら，有限要素法の考え方からして，圧力変化が急な絞りの近傍の圧力値の精度は相対的に低く，これから算出される圧力勾配の精度も低いからである．

なお，本書のプログラムにおける流出流量計算では，図3.14上図に示すS1からS4への矢印の方向が正の流量となるようにしてある．

### 3.4.2 非圧縮性流体・矩形・静圧スラスト軸受（HS-RECT）

(B) 非圧縮性流体・矩形・静圧スラスト軸受，の解析に必要な入力データについて説明する．

絞りはキャピラリとオリフィスに対応しており，どちらかを指定する．

以下のものが，計算により求められる．

(1) 節点圧力値
(2) 要素ごとの負荷容量＝（要素の平均圧力）×（要素の面積）
(3) 対向式の軸受双方について，要素ごとの負荷容量の和を求めることにより，軸受負荷容量が求められ，双方の軸受負荷容量の差が算出される．
(4) こうして求められた負荷容量が icoeff 倍されて出力される．
(5) ibalance＝1の場合には，軸受負荷容量と支持物体の自重および荷重とが釣り合ったときの支持物体の位置を表す偏位率も求められる．
(6) 軸受すきまから流出する流体の質量流量と絞りから流入する質量流量ならびに体積流量が求められる．

入力データファイルは，つぎの三つのファイルである．矩形のスラスト軸受であるから接合点なるものは存在しない．

・dat1.txt

プログラム全体に関連したデータで，サブルーチン dinput で読み込まれる．

・dat2.txt

要素データ（要素番号，トポロジー，節点番号，節点座標）で，サブルーチ

ン matrix で読み込まれる。サブルーチン capacity でも読み込まれる。
・dat3.txt

流体流出境界データ（要素番号，流出境界辺の ID，トポロジー，節点座標）で，サブルーチン flowout で読み込まれる。

出力ファイルは，つぎの五つである。
・file.txt

任意のファイル名で，標準出力をこのファイルにリダイレクションしたもの。xxx.exe ＞ file.txt で得られる。
・presdat1.txt
・presdat2.txt

Graph-R 用のデータで，MPa 単位の圧力値のみが，節点番号順に書き込まれたファイルとして，サブルーチン writer によって，対向式それぞれの軸受について，自動的に生成される。
・pres1.dat
・pres2.dat

smartGRAPH 用のデータファイルで，節点番号と MPa 単位の圧力値が書き込まれたファイルとして，サブルーチン writer によって，対向式それぞれの軸受について，自動的に作成される。

## dat1.txt の内容

(1) タイトル（a72）

 title   72 文字以内のタイトル

(2) コントロール（2i5）

 ibalance 軸受負荷容量（圧力による力）と自重および荷重との釣合い

    偏位率を規定…………………………0
    釣合い時の偏位率を求める………1

## 3.4 スラスト軸受解析のための入力データと出力

|  |  |
|---|---|
| iwrite | 要素データを check.txt に出力するか。<br>しない………0<br>する…………1 |

(3) コントロール (2i5)

|  |  |
|---|---|
| nsymmeR | 対称性を利用して絞りを含む断面を境界とした場合は対応する数値（図 3.11 ( c ) の場合は 2，図 ( d ) の場合は 1），そうでない場合は 1 とする。これは，メインプログラムにおいて，絞りからの流入流量 qin(i) を計算する際に用いられる。 |
| icoeff | 対称性を利用して解析領域を実際の $1/n$ にした場合は，その数 $n$（図 3.11 ( c )，( d ) の場合とも 2）。これは，サブルーチン capacity において，計算された fn を $n$ 倍するのに用いられる。 |

(4) コントロール (5i5)

|  |  |
|---|---|
| nelemR | 要素総数 |
| npoinR | 節点総数 |
| nbpoinR | 大気との境界のように節点圧力値が既知の節点の総数 |
| nflwpR | 絞り総数 |
| nbedgeR | 一つの絞りに対応する一組の流出境界要素を構成する要素の数（すべての絞りについて同数）。<br>一つの要素が複数の流出境界をもっている場合も要素の数は 1 とする。dat3.txt の説明を参照のこと |

(5) コントロール (i5)

|  |  |
|---|---|
| nbandR | 節点番号の付け方によって決まる全体剛性マトリックスのバンド幅（図 3.12 参照。詳細は 4.5 節で説明）<br>バンド幅＝一要素内の節点番号間の差の最大値<br>（全要素を考慮）＋1 |

(6) コントロール (f10.8)

  tolerQ  流出・流入流量の釣合い判定における許容値

       流出・流入流量の比較において，両者の差の比率がこれ以下になったら一致したとみなす。

(7) コントロール (f10.3)

  このデータは，ibalance＝1（釣合い計算をする）の場合に必要である。

  tolerV  垂直方向の力と自重との釣合いを判定する際の許容値

                   単位：〔N〕

(8) 特　性　値 (f10.7, f10.4, f10.4)

  ambipres  周囲圧力（大気圧）     単位：〔MPa〕

  dens   軸受すきま内の流体の密度  単位：〔kg/m$^3$〕

  visco   軸受すきま内の流体の粘性係数 単位：〔mPa·s〕

(9) 軸受データ (5f10.3)

  w1    垂直方向の作用力（自重＋外力） 単位：〔N〕

    ibalance＝0 の場合は任意の値

  h0    平均軸受すきま      単位：〔mm〕

  epsilon  偏位率

    ibalance＝0 の場合は，指定された値

    ibalance＝1 の場合は，0.0 から 1.0 の範囲で仮定した値

  u     $x$ 方向の滑り速度     単位：〔m/s〕

  v     $y$ 方向の滑り速度（＝0.0）  単位：〔m/s〕

(10) 軸受データ (i5)

  jtype   絞りの種類

        キャピラリ………1

        オリフィス………2

## 3.4 スラスト軸受解析のための入力データと出力

(11) 軸受データ (3f10.4)

 jtype＝1 の場合

|         |                    |            |
|---------|--------------------|------------|
| dia     | キャピラリの直径   | 単位：〔mm〕 |
| clength | キャピラリの長さ   | 単位：〔mm〕 |
| ps      | 流体供給圧力（絶対圧） | 単位：〔MPa〕 |

 jtype＝2 の場合

|         |                                              |            |
|---------|----------------------------------------------|------------|
| dia     | オリフィスの直径                             | 単位：〔mm〕 |
| orifice | オリフィスの流量係数（0.6 から 0.8，通常 0.8） |            |
| ps      | 流体供給圧力（絶対圧）                       | 単位：〔MPa〕 |

(12) 規定節点圧力値 (i5, 1x, f10.7)

 つぎをセットにして，nbpoinR 個。

| lgivp(i)   | 圧力が規定されている節点の番号 |            |
|------------|--------------------------------|------------|
| dgivval(i) | 規定される圧力値（絶対圧）     | 単位：〔MPa〕 |

(13) 給気孔節点番号，圧力，軸受すきま (i5, 1x, f10.7, f10.6)

 つぎをセットにして，nflwpR 個。

| nfeed(i)  | 絞りが存在する節点の番号         |            |
|-----------|----------------------------------|------------|
| pvalue(i) | ps 未満の仮の出口圧力値（絶対圧）| 単位：〔MPa〕 |
| xcoord(i) | 絞りが存在する節点の $x$ 座標値  | 単位：〔mm〕 |

 dat2.txt および dat3.txt の内容は，前出のとおりである。

 以上のデータを用意する必要があるが，CD-ROM 中のフォルダ DAT にあるプログラム DATMAKE が，簡単なプログラムではあるが，データ作成の一助となる。dat1.txt の (4) の一部，(5)，(12) および dat2.txt，dat3.txt を生成することができる。ただし，dat1.txt の (14) は修正が必要である。dat3.txt は dat2.txt から必要な要素データを抜き出し，流出境界辺の ID を付け加えたものである。また，2.3.2 項で説明した smartGRAPH および Graph-R 用のデータも生成される。このプログラムの使用上の注意は，3.3.1 項または 3.4.1 項を参照していただきたい。

## 3.4.3 圧縮性流体・矩形・動圧スラスト軸受 (GD-RECT)

単一の図 3.23 のようなスラスト軸受を対象とする，(C) 圧縮性流体・矩形・動圧スラスト軸受，の解析の入力データについて説明する．

以下のものが計算によって求められる．

(1) 節点圧力値
(2) 要素ごとの負荷容量＝(要素の平均圧力)×(要素の面積)
(3) 要素ごとの負荷容量の和を求めることにより，軸受負荷容量が求められる．
(4) こうして求められた負荷容量が icoeff 倍（後述）されて出力される．
(5) 軸受すきまから流出する流体の質量流量と体積流量が求められる．

入力データファイルは，つぎの三つのファイルである．矩形のスラスト軸受であるから接合点なるものは存在しない．

・dat1.txt

プログラム全体に関連したデータで，サブルーチン dinput で読み込まれる．

・dat2.txt

要素データ（要素番号，トポロジー，節点番号，節点座標）で，サブルーチン matrix で読み込まれる．

・dat3.txt

流体流出境界データ（要素番号，流出境界辺の ID，トポロジー，節点座標）で，サブルーチン flowout で読み込まれる．

出力ファイルは，つぎの三つである．

・file.txt

任意のファイル名で，標準出力をこのファイルにリダイレクションしたもの．xxx.exe ＞ file.txt で得られる．

・presdat.txt

Graph-R 用のデータで，MPa 単位の圧力値のみが，節点番号順に書き込まれたファイルとして，サブルーチン writer によって自動的に生成される．

3.4 スラスト軸受解析のための入力データと出力　　95

・pres.dat

smartGRAPH 用のデータファイルで，節点番号と MPa 単位の圧力値が書き込まれたファイルとして，サブルーチン writer によって自動的に作成される。

**dat1.txt の内容**

(1) タイトル（a72）

 title　　　　　72 文字以内のタイトル

(2) コントロール（i5）

 iwrite　　　　要素データを check.txt に出力するか。

      しない………0

      する…………1

(3) コントロール（i5）

 icoeff　　　　対称性を利用して解析領域を実際の $1/n$ にした場合は，その数 $n$。これは，サブルーチン capacity において，計算された fn を $n$ 倍するのに用いられる。

(4) コントロール（4i5）

 nelemR　　　要素総数

 npoinR　　　節点総数

 nbpoinR　　　大気との境界のように節点圧力値が既知の節点の総数

 nbedgeR　　　流出流量を計算するための境界を構成する要素の数。一般に，計算領域の外縁に接する要素が対象となる。一つの要素が複数の流出境界をもっている場合も要素の数は 1 とする。

(5) コントロール（i5）

 nbandR　　　節点番号の付け方によって決まる全体剛性マトリックスのバンド幅（図 3.12 参照。詳細は 4.5 節で説明）

     バンド幅＝一要素内の節点番号間の差の最大値

      （全要素を考慮）＋1

# 3. 各種軸受用プログラムとその使い方

(6) コントロール (f10.8)

 tolerP  圧力に関する繰返し計算（3.2.1項 参照）の収束判定における許容値。

     繰返し前後の変化率がこれ以下になったら一致したとみなす。

(7) 特 性 値 (f10.7, f10.4, f10.5, f10.3)

 ambipres  周囲圧力（大気圧）      単位：〔MPa〕

 ambitemp  周囲温度         単位：〔K〕

 rhoa  周囲圧力，温度における気体の密度 単位：〔$kg/m^3$〕

 visco  軸受すきま内の気体の粘性係数   単位：〔$\mu Pa \cdot s$〕

(8) 特 性 値 (2f10.4)

 gasconst  気体定数        単位：〔$J/(kg \cdot K)$〕

     単位質量当りで表された気体の状態方程式における気体定数。空気の場合 287.0 $J/(kg \cdot K)$

 gamma  気体の比熱比

(9) 軸受データ (2f10.3)

 u  $x$ 方向の滑り速度      単位：〔m/s〕

 v  $y$ 方向の滑り速度(=0.0)    単位：〔m/s〕

(10) 規定節点圧力値 (i5, 1x, f10.7)

 つぎをセットにして，nbpoinR 個。

 lgivp(i)  圧力が規定されている節点の番号

 dgivval(i)  規定される圧力値（絶対圧）   単位：〔MPa〕

 dat2.txt および dat3.txt の内容は，前出のとおりである。

以上のデータを用意する必要があるが，CD-ROM 中のフォルダ DAT にあるプログラム DATMAKE が，簡単なプログラムではあるが，データ作成の一助となる。dat1.txt の(4)の一部，(5)および dat2.txt，dat3.txt を生成することができる。dat3.txt は dat2.txt から必要な要素データを抜き出し，流出境界辺の

ID を付け加えたものである．また，2.3.2 項で説明した smartGRAPH および Graph-R 用のデータも生成される．このプログラムの使用上の注意は，3.4.1 項を参照していただきたい．

### 3.4.4　非圧縮性・矩形・動圧スラスト軸受（HD-RECT）

単一の図 3.23 のようなスラスト軸受を対象とする，(D) 非圧縮性流体・矩形・動圧スラスト軸受，の解析について説明する．

以下のものが，計算によって求められる．

(1)　節点圧力値
(2)　要素ごとの負荷容量＝（要素の平均圧力）×（要素の面積）
(3)　要素ごとの負荷容量の和を求めることにより，軸受負荷容量が求められる．
(4)　こうして求められた負荷容量が icoeff 倍（後述）されて出力される．
(5)　軸受すきまから流出する流体の質量流量と体積流量が求められる．

入力データファイルは，つぎの三つのファイルである．矩形のスラスト軸受であるから接合点なるものは存在しない．

・dat1.txt

プログラム全体に関連したデータで，サブルーチン dinput で読み込まれる．

・dat2.txt

要素データ（要素番号，トポロジー，節点番号，節点座標）で，サブルーチン matrix で読み込まれる．

・dat3.txt

流体流出境界データ（要素番号，流出境界辺の ID，トポロジー節点座標）で，サブルーチン flowout で読み込まれる．

出力ファイルは，つぎの三つである．

・file.txt

任意のファイル名で，標準出力をこのファイルにリダイレクションしたもの．xxx.exe ＞ file.txt で得られる．

## 98    3. 各種軸受用プログラムとその使い方

・presdat.txt

Graph-R 用のデータで，MPa 単位の圧力値のみが，節点番号順に書き込まれたファイルとして，サブルーチン writer によって自動的に生成される。

・pres.dat

smartGRAPH 用のデータファイルで，節点番号と MPa 単位の圧力値が書き込まれたファイルとして，サブルーチン writer によって自動的に作成される。

### dat1.txt の内容

(1) タイトル (a72)

  title    72 文字以内のタイトル

(2) コントロール (i5)

  iwrite    要素データを check.txt に出力するか。

         しない………0

         する…………1

(3) コントロール (i5)

  icoeff    対称性を利用して解析領域を実際の $1/n$ にした場合は，その数 $n$。これは，サブルーチン capacity において，計算された fn を $n$ 倍するのに用いられる。

(4) コントロール (4i5)

  nelemR   要素総数

  npoinR   節点総数

  nbpoinR   大気との境界のように節点圧力値が既知の節点の総数

  nbedgeR   流出流量を計算するための境界を構成する要素の数。一般に，計算領域の外縁に接する要素が対象となる。一つの要素が複数の流出境界をもっている場合も要素の数は 1 とする。

(5) コントロール (i5)

  nbandR   節点番号の付け方によって決まる全体剛性マトリック

スのバンド幅（図3.12参照。詳細は4.5節で説明）

バンド幅＝一要素内の節点番号間の差の最大値

（全要素を考慮）＋1

(6) 特　性　値（f10.7, f10.4, f10.4）

| | | |
|---|---|---|
| ambipres | 周囲圧力（大気圧） | 単位：〔MPa〕 |
| dens | 軸受すきま内の流体の密度 | 単位：〔kg/m$^3$〕 |
| visco | 軸受すきま内の流体の粘性係数 | 単位：〔mPa・s〕 |

(7) 軸受データ（2f10.3）

| | | |
|---|---|---|
| u | $x$方向の滑り速度 | 単位：〔m/s〕 |
| v | $y$方向の滑り速度（＝0.0） | 単位：〔m/s〕 |

(8) 規定節点圧力値（i5, 1x, f10.7）

つぎをセットにして，nbpoinR個。

| | | |
|---|---|---|
| lgivp(i) | 圧力が規定されている節点の番号 | |
| dgivval(i) | 規定される圧力値（絶対圧） | 単位：〔MPa〕 |

dat2.txt，dat3.txtの内容は，3.4.1項とまったく同じである。

以上のデータを用意する必要があるが，CD-ROM中のフォルダDATにあるプログラムDATMAKEが，簡単なプログラムではあるが，データ作成の一助となる。dat1.txtの(4)の一部，(5)およびdat2.txt，dat3.txtを生成することができる。dat3.txtはdat2.txtから必要な要素データを抜き出し，流出境界辺のIDを付け加えたものである。また，2.3.2項で説明したsmartGRAPHおよびGraph-R用のデータも生成される。このプログラムの使用上の注意は，3.4.1項を参照していただきたい。

### 3.4.5　圧縮性流体・環状/矩形・静圧スラスト軸受（GS-ANNULAR）

本プログラムは，図3.24を対象とする，(E)圧縮性流体・環状/矩形・静圧スラスト軸受，の解析である。四角形要素を用いているため環状と矩形の両方に対応している。また，図中の$y$軸またはxcenterまわりに傾斜した場合に

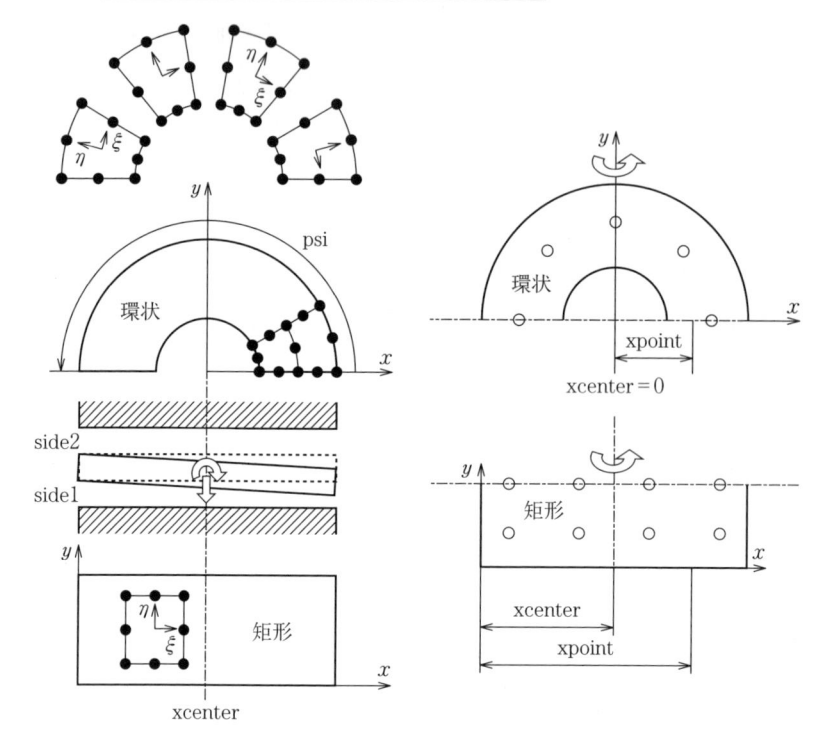

**図 3.24** 環状 / 矩形スラスト軸受　　**図 3.25** 対称軸（$x$ 軸）上の絞り

も対応している。

滑り速度 $u, v$ については注意が必要で，環状軸受では必ず 0.0 とする。矩形軸受では $x$ 方向の滑り速度 $u$ のみ考慮できる（$v$ はつねに 0.0）。これは，本プログラムでは，滑り速度成分が節点ごとに異なる場合に対応していないためである。

絞りに関しては，自成とオリフィスに対応している。

以下のものが，計算によって求められる。

(1)　節点圧力値

(2)　要素ごとの負荷容量＝(要素の平均圧力)×(要素の面積)

(3)　対向式の軸受双方に（図 3.24 の side1 と side2）について，要素ごとの負荷容量および $y$ 軸または xcenter まわりの復元モーメントの和を求め

ることにより，力とモーメントに関する軸受負荷容量が求められ，双方の軸受負荷容量の差が算出される。

(4) こうして求められた負荷容量がicoeff倍されて出力される。

(5) ibalance＝1の場合には，軸受負荷容量と支持物体の自重そして荷重とこれによるモーメントが釣り合ったときの支持物体の位置を表す偏位率および傾斜角も求められる。

(6) 軸受すきまから流出する流体の質量流量と絞りから流入する質量流量が求められる。

計算モデルを設計するにあたって，軸受形状が環状で絞りの数が偶数の場合は，$y$軸まわりの傾きを計算するために，計算モデルは半周分必要である。このとき，図3.25の上図のように，対称軸上にある絞りと対称軸上にない絞りとでは，絞りから軸受すきまへの流入流量を算出する際に，対称軸上の絞りについては流量を半分にしなければならない。また，いずれの絞りも対称軸上にないモデルも考えられる。下図のように軸受形状が矩形の場合も同じことがいえる。そこで，本プログラムでは，入力データファイルであるdat1.txtにおいて，一つ一つの絞りについて，流量を半分にする必要があるかないか，そしてその絞りに対応する流出流量を算出する辺をもつ要素の数を指示するようにしている。

なお，環状の場合は軸対象であるから，360°全体を解析領域とする必要性はない。したがって，軸受形状が環状でも矩形でも，接合点なるものは存在しない。

入力データファイルは，つぎの三つのファイルである。

・dat1.txt

プログラム全体に関連したデータで，サブルーチンdinputで読み込まれる。

・dat2.txt

要素データ（要素番号，トポロジー，節点番号，節点座標）で，サブルーチンmatrixで読み込まれる。サブルーチンcapacityでも読み込まれる。

・dat3.txt

流体流出境界データ（要素番号，流出境界辺の ID，トポロジー，節点座標）で，サブルーチン flowout で読み込まれる。

出力ファイルは，つぎの五つである。

・file.txt

任意のファイル名で，標準出力をこのファイルにリダイレクションしたもの。xxx.exe ＞ file.txt で得られる。

・presdat1.txt

・presdat2.txt

Graph-R 用のデータファイルで，MPa 単位の圧力値のみが，節点番号順に書き込まれたファイルとして，サブルーチン writer によって，対向式軸受の side1 と side2 について，自動的に生成される。

・pres1.dat

・pres2.dat

smartGRAPH 用のデータファイルで，MPa 単位の圧力値のみが，節点番号順に書き込まれたファイルとして，サブルーチン writer によって，対向式軸受の side1 と side2 について，自動的に生成される。

〔1〕 **dat1.txt の内容**

(1) タイトル（a72）

  title  72 文字以内のタイトル

(2) コントロール（3i5）

  model  軸受形状

      矩形………1

      環状………2

  ibalance 軸受負荷容量（圧力による力とモーメント）と，自重，荷重，およびモーメントとの釣合い

      偏位率と傾斜角を規定……………………………0

## 3.4 スラスト軸受解析のための入力データと出力

　　　　　　　　　　釣合い時の偏位率と傾斜角を求める。………1

　　iwrite　　　要素データを check.txt に出力するか。

　　　　　　　　　　しない………0

　　　　　　　　　　する…………1

(3) コントロール（i5）

　　nflwpR　　　絞りの総数

(4) 絞りごとの対称性と一組の流出境界要素を構成する要素の数（2i5）
つぎの二つを組にして，全部で nflwpR 個。

　　nsymmeR(i)　対称性を利用して絞りを含む断面を境界とした場合は対応する数値（図 3.25 の場合は，白丸を絞りとすれば，$x$ 軸上にある絞りは 2，他は 1）。これは，メインプログラムおいて，絞りからの流入流量 qin(i) を計算する際に用いられる。

　　nbedgeR(i)　一組の流出境界要素を構成する要素の数。一つの要素が複数の流出境界をもっている場合も要素の数は 1 とする（図 3.30 参照）。

(5) コントロール（i5）

　　icoeff　　　対称性を利用して解析領域を実際の $1/n$ にした場合は，その数 $n$。これは，サブルーチン capacity において，算出された力とモーメントを $n$ 倍するのに用いられる。

(6) コントロール（3i5）

　　nelemR　　　要素総数
　　npoinR　　　節点総数
　　nbpoinR　　大気との境界のように節点圧力値が既知の節点の総数

(7) コントロール（i5）

　　nbandR　　　節点番号の付け方によって決まる全体剛性マトリックスのバンド幅（図 3.12 参照。詳細は 4.5 節で説明）

バンド幅＝一要素内の節点番号間の差の最大値
（全要素を考慮）＋1

(8) コントロール（f10.8）

 tolerP  圧力に関する繰返し計算（3.2.1項 参照）の収束判定における許容値。

     繰返し前後の変化率がこれ以下になったら一致したとみなす。

(9) コントロール（f10.8）

 tolerQ  流出・流入流量の釣合い判定における許容値。

     流出・流入流量の比較において，両者の差の比率がこれ以下になったら一致したとみなす。

(10) コントロール（2f10.3）

 このデータは，ibalance＝1（釣合い計算をする）の場合に必要である。

 tolerV  垂直方向の力と自重との釣合いを判定する際の許容値

                単位：〔N〕

 tolerM  モーメントの釣合いを判定する際の許容値

                単位：〔N·m〕

(11) 特　性　値（f10.7, f10.4, f10.5, f10.3）

 ambipres 周囲圧力（大気圧）    単位：〔MPa〕

 ambitemp 周囲温度       単位：〔K〕

 rhoa   周囲圧力，温度における気体の密度　単位：〔$kg/m^3$〕

 visco   軸受すきま内の気体の粘性係数 単位：〔μPa·s〕

(12) 特　性　値（2f10.4）

 gasconst 気体定数       単位：〔J/(kg·K)〕

     単位質量当りで表された気体の状態方程式における気体定数。空気の場合 287.0 J/(kg·K)

 gamma  気体の比熱比

(13) 荷重データ （4f10.3）

 xcenter  全体座標系原点からの回転軸までの $+x$ 方向の距離

                  単位：〔mm〕

 xpoint  全体座標系原点から荷重点までの $+x$ 方向の距離。

     xpoint $>$ xcenter であること。

                  単位：〔mm〕

 wcen  中心荷重（自重＋外力）  単位：〔N〕

     ibalance＝0 の場合は任意の値

 woff  オフセット荷重     単位：〔N〕

     ibalance＝0 の場合は任意の値

(14) 軸受データ （3f10.7）

 h0   平均軸受すきま     単位：〔mm〕

 epsilon  偏位率

     ibalance＝0 の場合は，指定された値

     ibalance＝1 の場合は，0.0 から 1.0 の範囲で仮定した値

 beta   傾斜角        単位：〔rad〕

(15) 軸受データ （3f10.3）

 xlength  軸受の $x$ 方向の長さ（環状では外径） 単位：〔mm〕

 u    $x$ 方向の滑り速度（環状の場合 0.0）

                 単位：〔m/s〕

 v    $y$ 方向の滑り速度（環状，矩形とも 0.0）

                 単位：〔m/s〕

(16) 軸受データ （f10.4, f10.7）

 dia   絞りの直径      単位：〔mm〕

 ps   気体供給圧力（絶対圧）  単位：〔MPa〕

(17) 規定節点圧力値 （i5, 1x, f10.7）

 つぎをセットにして，nbpoinR 個。

　　　　lgivp(i)　　　　圧力が規定された節点の番号
　　　　dgivval(i)　　　規定される圧力値（絶対圧）　　　　　単位：〔MPa〕
(18)　給気孔節点番号，圧力，軸受すきま（i5, 1x, f10.7, 2f20.6）
　　　　つぎをセットにして，nflwpR 個。
　　　　nfeed(i)　　　　絞りが存在する節点の番号
　　　　pvalue(i)　　　 ps 未満の仮の出口圧力値（絶対圧）　　単位：〔MPa〕
　　　　xcoord(i)　　　 絞りが存在する節点の $x$ 座標値　　　単位：〔mm〕
　　　　rfeed(i)　　　　絞りが存在する節点の半径座標値　　　単位：〔mm〕
　　　　　　矩形の場合は空欄でよい。

〔2〕 **dat2.txt の内容**　　つぎの(1)と(2)の組合せがnelemR個必要である。

　注意点としては，全体座標系 $(x, y)$ と局部座標系 $(\xi, \eta)$ の方向を一致させたほうが，トポロジーの指定間違い，すなわち要素節点番号と全体節点番号との対応の間違いが発生しにくい。ただし，環状軸受では全体座標系と平行に要素分割することができないので，局部座標系 $(\xi, \eta)$ の方向を，例えば図 3.24 のように半径方向外向きを正の $\eta$ 座標にするなど規則性をもたせるようにしたほうがよいであろう。

(1)　トポロジー（9i5）
　　　　nel　　　　　　要素番号
　　　　lnods(1)　　　 その要素の要素節点番号 1 に対応する全体節点番号
　　　　　　　⋮
　　　　lnods(8)　　　 その要素の要素節点番号 8 に対応する全体節点番号
(2)　節点番号，節点座標値（i5, 3f20.6, f10.7）
　　　　つぎをセットにして，nnodpR 個（nnodpR＝8）。
　　　　節点番号　　　 読み込まれない。データを見やすくするため
　　　　coord(i, 1)　　要素節点番号 $i$ の $x$ 座標値　　　　単位：〔mm〕
　　　　coord(i, 2)　　要素節点番号 $i$ の $y$ 座標値　　　　単位：〔mm〕
　　　　r(i)　　　　　 要素節点番号 $i$ の $r$ 座標値　　　　単位：〔mm〕
　　　　　　矩形軸受では空欄でよい。

theta(i)　　　　　　要素節点番号 $i$ の $\theta$ 座標値　　　　　　単位：[rad]

　　　　　　　　矩形軸受では空欄でよい。

〔3〕 **dat3.txt の内容**　　つぎの(1)と(2)の組合せを dat1.txt の(4)で定義した絞りの順番に，絞りごとの nbedgeR の数だけ必要である。

2次の四角形要素を用いている本プログラムでは，図3.14上図のように流出境界辺の ID を定義している。すなわち，要素節点番号で

　　　辺 7-1(S1)：ID=8　　　辺 1-3(S2)：ID=4
　　　辺 3-5(S3)：ID=2　　　辺 5-7(S4)：ID=1

である。S1 と S2 が同時にある場合は 12(=8+4) とする。四辺から流出があれば，15(=8+4+2+1) となる。

(1)　トポロジー（10i5）

　　　nel　　　　　　要素番号
　　　iedge　　　　　流出境界辺の ID
　　　lnods(1)　　　 その要素の要素節点番号1に対応する全体節点番号
　　　　⋮
　　　lnods(8)　　　 その要素の要素節点番号8に対応する全体節点番号

(2)　節点番号，節点座標値（i5, 3f20.6）

　　　つぎをセットにして，nnodpR 個（nnodpR=8）。

　　　節点番号　　　　読み込まれない。データを見やすくするため
　　　coord(i, 1)　　要素節点番号 $i$ の $x$ 座標値　　　　単位：[mm]
　　　coord(i, 2)　　要素節点番号 $i$ の $y$ 座標値　　　　単位：[mm]
　　　r(i)　　　　　　要素接点番号 $i$ の $r$ 座標値　　　　単位：[mm]
　　　　　　　　矩形軸受では空欄でよい。

以上のデータを用意する必要があるが，CD-ROM 中のフォルダ DAT にあるプログラム DATMAKE が，簡単なプログラムではあるが，データ作成の一助となる。このプログラムは，主として要素データを生成するもので，以下はこのプログラムに特有の事項である。

108    3. 各種軸受用プログラムとその使い方

(1) 倍精度計算である。
(2) 環状形の軸受の場合は，領域を半径方向には不等間隔に，円周方向には等間隔に分割する．図 3.26 に示すように，半径方向の分割に関しては，内径 r1 と外形 r10 を指定するだけではなく，その間の任意の半径 r2 から r9 まで指定することができる（DAT/ANNULAR-1）．そして，隣り合う半径間を等分割することができる．

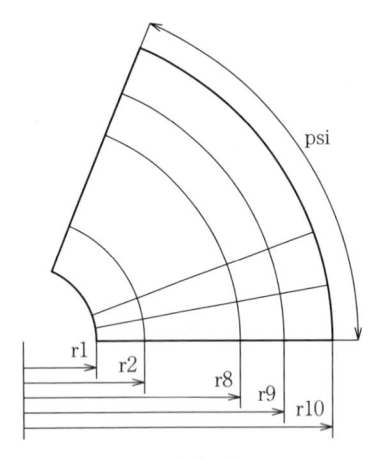

図 3.26 データ生成プログラムにおける環状領域の分割

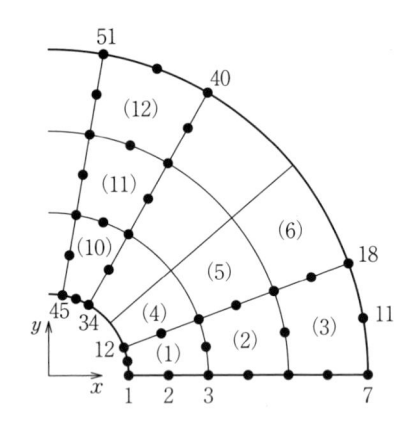

図 3.27 データ生成プログラムにおける環状領域に対する要素番号と節点番号

(3) 環状領域に対する要素番号および節点番号の付け方は，図 3.27 のように決められている．
(4) 矩形の軸受の場合は，領域を各軸に沿って等間隔に分割する．
(5) 矩形領域に対する要素番号および節点番号の付け方は，図 3.17 のように決められている．
(6) dat1.txt に必要なデータのうち，(3)，(6) の一部，(7)，(17)，(18) の一部が生成される．
(7) ただし，(17) については，環状軸受の場合は $r$ 軸に沿った節点と $\theta$ 軸に沿った節点の圧力値が規定されると，矩形軸受の場合は $x$ 軸に沿った節点と $y$ 軸に沿った節点の圧力値が規定されると，データが重複するこ

とになるので，削除して一つにする必要がある．

(8) 図3.28および図3.29に例を示すdat2.txt，dat3.txtが生成される．

```
要素番号   トポロジー，要素節点番号順の節点番号
   ↓           ↓
  [1] [1   2   3   35   53   52   51   34]
   1       40.000000         .000000    40.000000   .0000000
   2       41.375000         .000000    41.375000   .0000000
   3       42.750000         .000000    42.750000   .0000000
  35       42.727111        1.398741    42.750000   .0327249
  53       42.658469        2.795984    42.750000   .0654498
  52       41.286413        2.706054    41.375000   .0654498
  51       39.914357        2.616125    40.000000   .0654498
  34       39.978583        1.308763    40.000000   .0327249
   2    3   4   5   36   55   54   53   35
   3       42.750000         .000000    42.750000   .0000000
   4       44.125000         .000000    44.125000   .0000000
   5       45.500000         .000000    45.500000   .0000000
  36       45.475639        1.488718    45.500000   .0327249
  55       45.402581        2.975842    45.500000   .0654498
  54       44.030525        2.885913    44.125000   .0654498
  53       42.658469        2.795984    42.750000   .0654498
  35       42.727111        1.398741    42.750000   .0327249
   3    5   6   7   37   57   56   55   36
   5       45.500000         .000000    45.500000   .0000000
   6       46.875000         .000000    46.875000   .0000000
   7       48.250000         .000000    48.250000   .0000000
  37       48.224166        1.578696    48.250000   .0327249
  57       48.146693        3.155701    48.250000   .0654498
  56       46.774637        3.065772    46.875000   .0654498
  55       45.402581        2.975842    45.500000   .0654498
  36       45.475639        1.488718    45.500000   .0327249

          節点 x 座標値       節点 y 座標値     座標値       座標値
          coord(i,1)        coord(i,2)     r(i)        theta(i)
```

**図 3.28** dat2.txt の 例

(9) dat3.txtはdat2.txtから必要な要素データを抜き出し，流出境界辺のIDを付け加えたものである．

(10) 2.3.2項で説明したsmartGRAPHおよびGraph-R用のデータも生成される．

対話式に要素データ生成が行われるようになっており，datmake.fファイルには日本語で説明してある部分もあるので，使い方は難しくないと思われるが，圧力と流量に関する部分を説明する．

データ生成プログラムにおいて，圧力規定の境界条件を定める際の半径が同じラインおよび角度が同じラインとは，それぞれ図3.30に示すnumrおよびnumtである．ライン番号を指定すると，そのライン上にある節点番号が拾い出され，その節点に規定圧力値が与えられる．注意点としては，拾い出された

110    3. 各種軸受用プログラムとその使い方

```
要素 境界
番号 ID        トポロジー，要素節点番号順の節点番号
 ↓   ↓            ↓
(34) (12)  103  104  105  136  155  154  153  135
103           42.384268              5.579995      42.750000
104           43.747505              5.759468      44.125000
105           45.110741              5.938942      45.500000
136           44.892272              7.411744      45.500000
155           44.625730              8.876610      45.500000
154           43.277150              8.608360      44.125000
153           41.928571              8.340111      42.750000
135           42.179002              6.963781      42.750000
 35    4  105  106  107  137  157  156  155  136
105           45.110741              5.938942      45.500000
106           46.473978              6.118415      46.875000
107           47.837215              6.297889      48.250000
137           47.605541              7.859707      48.250000
157           47.322890              9.413108      48.250000
156           45.974310              9.144859      46.875000
155           44.625730              8.876610      45.500000
136           44.892272              7.411744      45.500000
 36    4  107  108  109  138  159  158  157  137
107           47.837215              6.297889      48.250000
108           48.209006              6.346836      48.625000
109           48.580798              6.395783      49.000000
138           48.345523              7.981878      49.000000
159           48.058479              9.559426      49.000000
158           47.690684              9.486267      48.625000
157           47.322890              9.413108      48.250000
137           47.605541              7.859707      48.250000

            節点 x 座標値         節点 y 座標値      座標値
            coord(i, 1)         coord(i, 2)       r(i)
```

図 3.29　dat3.txt の 例

節点番号が重複する場合があるので，その場合はどちらか一方を削除する必要がある（dat1.txt ファイルを編集する）。

　dat3.txt は軸受すきまからの流出流量を算出するのに必要なデータである。3.3.1項で説明したように，流量の釣合いから絞り出口圧力を決定するためには，それぞれの絞りに対して，その周囲に流出流量を算出する境界辺を設定しなければならない。図 3.30 において，白丸を絞りとすれば，対象軸上にある絞りに関しては，流入流量を半分としなければならないので nsymmeR = 2 であり，この絞りに対応する流出境界要素数 nbedgeR = 2 とすれば要素は(2)，(3)の要素である。図にあるもう一つの絞りに関しては，nsymmeR = 1 で，nbedgeR = 4 とすれば要素は(8)，(9)，(11)，(12)である。

　なお，本書のプログラムにおける流出流量計算では，図 3.14 上図に示す S1 から S4 の矢印の方向が正の流量となるようにしてある。

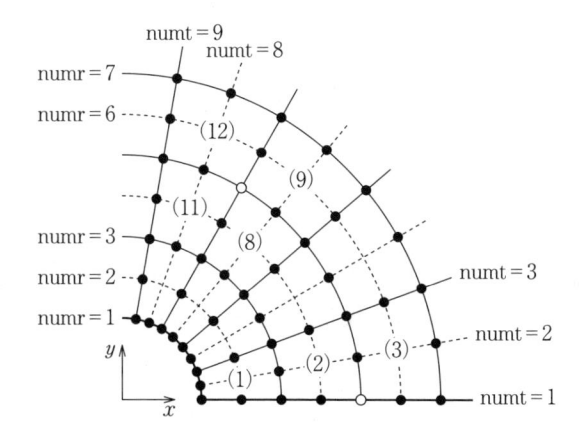

3.4 スラスト軸受解析のための入力データと出力　　111

**図 3.30** 絞りと流出境界要素，および流量データ生成プログラムにおけるライン番号などの意味

### 3.4.6　圧縮性流体・円形/矩形・静圧スラスト軸受（GS-CIRCULAR）

本プログラムは，図 3.31 を対象とする，(F) 圧縮性流体・円形/矩形・静圧スラスト軸受，の解析である．三角形要素を用いているので，円形と矩形に対応している．また，図中の $y$ 軸または xcenter まわりに傾斜した場合にも対応している．

滑り速度 $u, v$ については注意が必要で，円形軸受では必ず 0.0 とする．矩形軸受では $x$ 方向の滑り速度 $u$ のみ考慮できる（$v$ はつねに 0.0）．これは，本プログラムでは，滑り速度成分が節点ごとに異なる場合に対応していないためである．

絞りに関しては，自成とオリフィスに対応している．

以下のものが，計算によって求められる．

(1) 節点圧力値
(2) 要素ごとの負荷容量 =（要素の平均圧力）×（要素の面積）
(3) 対向式の軸受双方について，要素ごとの負荷容量および $y$ 軸または xcenter まわりの復元モーメントの和を求めることにより，力とモーメントに関する軸受負荷容量が求められ，双方の軸受負荷容量の差が算出される．
(4) こうして求められた負荷容量が icoeff 倍されて出力される．

(5) ibalance＝1の場合には，軸受負荷容量と支持物体の自重そして荷重とこれによるモーメントが釣り合ったときの支持物体の位置を表す偏位率および傾斜角も求められる。

(6) 軸受すきまから流出する流体の質量流量と絞りから流入する質量流量が求められる。

計算モデルを設計するにあたって，軸受形状が円形で絞りの数が偶数の場合は，$y$軸まわりの傾きを計算するために，計算モデルは半周分必要である．このとき，3.4.5項で説明したように，対称軸上にある絞りと対称軸上にない絞りとでは，絞りから軸受すきまへの流入流量を算出する際に，対称軸上の絞りについては流量を半分にしなければならない。また，いずれの絞りも対称軸上にないモデルも考えられる．軸受形状が矩形の場合も同じことがいえる．そこで，本プログラムでは，入力データファイルであるdat1.txtにおいて，一つ一つの絞りについて，流量を半分にする必要があるかないか，そしてその絞りに対応する流出流量を算出する辺をもつ要素の数を指示するようにしている．

なお，円形の場合は軸対象であるから，360°全体を解析領域とする必要性はない．したがって，軸受形状が円形でも矩形でも，接合点なるものは存在しない．

入力データファイルは，つぎの三つのファイルである．

・dat1.txt

プログラム全体に関連したデータで，サブルーチンdinputで読み込まれる．

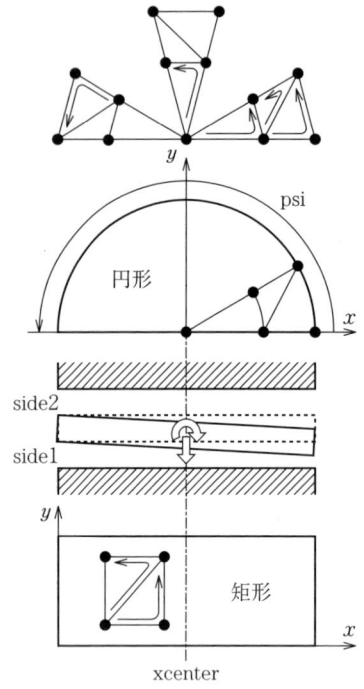

図3.31 円形/矩形スラスト軸受

## 3.4 スラスト軸受解析のための入力データと出力   113

・dat2.txt

要素データ（要素番号，トポロジー，節点番号，節点座標）で，サブルーチン matrix で読み込まれる。サブルーチン capacity でも読み込まれる。

・dat3.txt

流体流出境界データ（要素番号，流出境界辺の ID，トポロジー，節点座標）で，サブルーチン flowout で読み込まれる。

出力ファイルは，つぎの五つである。

・file.txt

任意のファイル名で，標準出力をこのファイルにリダイレクションしたもの。xxx.exe ＞ file.txt で得られる。

・presdat1.txt

・presdat2.txt

Graph-R 用のデータファイルで，MPa 単位の圧力値のみが，節点番号順に書き込まれたファイルとして，サブルーチン writer によって，対向式軸受の side1 と side2 について，自動的に生成される。

・pres1.dat

・pres2.dat

smartGRAPH 用のデータファイルで，MPa 単位の圧力値のみが，節点番号順に書き込まれたファイルとして，サブルーチン writer によって，対向式軸受の side1 と side2 について，自動的に生成される。

〔1〕 **dat1.txt の内容**

(1) タイトル（a72）

　　title　　　　72 文字以内のタイトル

(2) コントロール（3i5）

　　model　　　軸受形状

　　　　　　　　矩形………1

　　　　　　　　円形………2

114    3. 各種軸受用プログラムとその使い方

  ibalance  軸受負荷容量（圧力による力とモーメント）と，自重，荷重，およびモーメントとの釣合い

        偏位率と傾斜角を規定……………………………0

        釣合い時の偏位率と傾斜角を求める………1

  iwrite  要素データを check.txt に出力するか。

        しない………0

        する…………1

(3) コントロール（i5）

  nflwpR  絞りの総数

(4) 絞りごとの対称性と一組の流出境界要素を構成する要素の数（2i5）

 つぎの二つを組にして，全部で nflwpR 個。

  nsymmeR(i)  対称性を利用して絞りを含む断面を境界とした場合は対応する数値（3.4.5 項および図 3.30 を参照）。これは，メインプログラムにおいて，絞りからの流入流量 qin(i) を計算する際に用いられる。

  nbedgeR(i)  一組の流出境界要素を構成する要素の数。一つの要素が複数の流出境界をもっている場合も要素の数は 1 とする（3.4.5 項および図 3.30 を参照）。

(5) コントロール（i5）

  icoeff  対称性を利用して解析領域を実際の $1/n$ にした場合は，その数 $n$。これは，サブルーチン capacity において，算出された力とモーメントを $n$ 倍するのに用いられる。

(6) コントロール（3i5）

  nelemR  要素総数

  npoinR  節点総数

  nbpoinR  大気との境界のように節点圧力値が既知の節点の総数

## 3.4 スラスト軸受解析のための入力データと出力

(7) コントロール（i5）

 nbandR 節点番号の付け方によって決まる全体剛性マトリックスのバンド幅（図 3.12 参照。詳細は 4.5 節で説明）

$$\text{バンド幅}＝\text{一要素内の節点番号間の差の最大値}$$
$$（\text{全要素を考慮}）＋1$$

(8) コントロール（f10.8）

 tolerP 圧力に関する繰返し計算（3.2.1 項 参照）の収束判定における許容値。

    繰返し前後の変化率がこれ以下になったら一致したとみなす。

(9) コントロール（f10.8）

 tolerQ 流出・流入流量の釣合い判定における許容値。

    流出・流入流量の比較において，両者の差の比率がこれ以下になったら一致したとみなす。

(10) コントロール（2f10.3）

 このデータは，ibalance＝1（釣合い計算をする）の場合に必要である。

 tolerV 垂直方向の力と自重との釣合いを判定する際の許容値

               単位：〔N〕

 tolerM モーメントの釣合いを判定する際の許容値

               単位：〔N・m〕

(11) 特性値（f10.7, f10.4, f10.5, f10.3）

 ambipres 周囲圧力（大気圧）  単位：〔MPa〕

 ambitemp 周囲温度  単位：〔K〕

 rhoa 周囲圧力，温度における気体の密度 単位：〔kg/m$^3$〕

 visco 軸受すきま内の気体の粘性係数 単位：〔μPa・s〕

(12) 特性値（2f10.4）

 gasconst 気体定数  単位：〔J/(kg・K)〕

    単位質量当りで表された気体の状態方程式における

116   3. 各種軸受用プログラムとその使い方

|  |  | 気体定数。空気の場合 287.0 J/(kg·K) |  |
| --- | --- | --- | --- |
|  | gamma | 気体の比熱比 |  |

(13) 荷重データ (4f10.3)

| | xcenter | 全体座標系原点からの回転軸までの $+x$ 方向の距離 | |
|---|---|---|---|
| | | | 単位：〔mm〕|
| | xpoint | 全体座標系原点から荷重点までの $+x$ 方向の距離。 | |
| | | xpoint > xcenter であること | |
| | | | 単位：〔mm〕|
| | wcen | 中心荷重（自重＋外力） | 単位：〔N〕|
| | | ibalance＝0 の場合は任意の値 | |
| | woff | オフセット荷重 | 単位：〔N〕|
| | | ibalance＝0 の場合は任意の値 | |

(14) 軸受データ (3f10.7)

| | h0 | 平均軸受すきま | 単位：〔mm〕|
|---|---|---|---|
| | epsilon | 偏位率 | |
| | | ibalance＝0 の場合は，指定された値 | |
| | | ibalance＝1 の場合は，0.0 から 1.0 の範囲で仮定した値 | |
| | beta | 傾斜角 | 単位：〔rad〕|

(15) 軸受データ (3f10.3)

| | xlength | 軸受の $x$ 方向の長さ（円形では外径） | 単位：〔mm〕|
|---|---|---|---|
| | u | $x$ 方向の滑り速度 （円形の場合 0.0） | |
| | | | 単位：〔m/s〕|
| | v | $y$ 方向の滑り速度（円形，矩形とも 0.0） | |
| | | | 単位：〔m/s〕|

(16) 軸受データ (f10.4, f10.7)

| | dia | 絞りの直径 | 単位：〔mm〕|
|---|---|---|---|
| | ps | 気体供給圧力（絶対圧） | 単位：〔MPa〕|

(17) 規定節点圧力値 (i5, 1x, f10.7)

つぎをセットにして，nbpoinR 個。

lgivp(i) 　　　　圧力が規定された節点の番号

dgivval(i) 　　　規定される圧力値（絶対圧） 　　　　　単位：〔MPa〕

(18) 給気孔節点番号，圧力，軸受すきま (i5, 1x, f10.7, 2f20.6)

つぎをセットにして，nflwpR 個。

nfeed(i) 　　　　絞りが存在する節点の番号

pvalue(i) 　　　ps 未満の仮の出口圧力値（絶対圧） 　　　単位：〔MPa〕

xcoord(i) 　　　絞りが存在する節点の $x$ 座標値 　　　　　単位：〔mm〕

rfeed(i) 　　　　絞りが存在する節点の半径座標値 　　　　単位：〔mm〕

　　　　　　　　矩形の場合は空欄でよい。

〔2〕 **dat2.txt の内容** 　　つぎの(1)と(2)の組合せが nelemR 個必要である。

注意点としては，三つある要素の節点のどれを1番目とするかの決め方に規則性をもたせておけば，トポロジーの指定間違い，すなわち要素節点番号と全体節点番号との対応の間違いが発生しにくい。例えば，図 3.31 中の要素でいえば，要素内に示した矢印の順といったようにするとよいであろう。

(1) トポロジー (4i5)

nel 　　　　　　要素番号

lnods(1) 　　　その要素の要素節点番号1に対応する全体節点番号

lnods(2) 　　　その要素の要素節点番号2に対応する全体節点番号

lnods(3) 　　　その要素の要素節点番号3に対応する全体節点番号

(2) 節点番号，節点座標値 (i5, 3f20.6, f10.7)

つぎをセットにして，nnodpR 個（nnodpR = 3）。

節点番号　　　　読み込まれない。データを見やすくするため

coord(i, 1) 　　要素節点番号 $i$ の $x$ 座標値 　　　　　　単位：〔mm〕

coord(i, 2) 　　要素節点番号 $i$ の $y$ 座標値 　　　　　　単位：〔mm〕

r(i) 　　　　　　要素節点番号 $i$ の $r$ 座標値 　　　　　　単位：〔mm〕

　　　　　　　　矩形軸受では空欄でよい。

118　　3. 各種軸受用プログラムとその使い方

　　　theta(i)　　　　要素節点番号 $i$ の $\theta$ 座標値　　　　　　単位：〔rad〕

　　　　　　　　　　矩形軸受では空欄でよい。

〔3〕 **dat3.txt の内容**　　つぎの(1)と(2)の組合せを dat1.txt の(4)で定義した絞りの順番に，絞りごとの nbedgeR の数だけ必要である。

　1次の三角形要素を用いている本プログラムでは，**図 3.32** のように流出境界辺の ID を定義している。すなわち，要素節点番号で

　　　　辺 1-2：ID＝4　　　辺 2-3：ID＝2　　　辺 3-1：ID＝1

である。辺 1-2 と辺 2-3 を横切る流量を算出したい場合は，6(＝4＋2)とする。三辺であれば，7(＝4＋2＋1)となる。

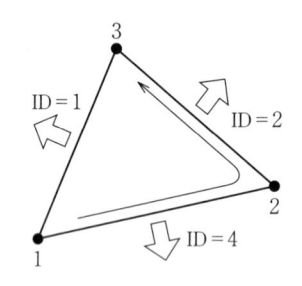

**図 3.32**　流出境界辺の ID の定義

(1)　トポロジー (5i5)

　　　nel　　　　　　要素番号
　　　iedge　　　　　流出境界辺の ID
　　　lnods(1)　　　その要素の要素節点番号 1 に対応する全体節点番号
　　　lnods(2)　　　その要素の要素節点番号 2 に対応する全体節点番号
　　　lnods(3)　　　その要素の要素節点番号 3 に対応する全体節点番号

(2)　節点番号，節点座標値 (i5, 3f20.6)

　　　つぎをセットにして，nnodpR 個 (nnodpR＝8)。

　　　節点番号　　　読み込まれない。データを見やすくするため
　　　coord(i, 1)　　要素節点番号 $i$ の $x$ 座標値　　　　　　単位：〔mm〕
　　　coord(i, 2)　　要素節点番号 $i$ の $y$ 座標値　　　　　　単位：〔mm〕
　　　r(i)　　　　　　要素節点番号 $i$ の半径座標値　　　　　単位：〔mm〕
　　　　　　　　　矩形軸受では空欄でよい。

3.4 スラスト軸受解析のための入力データと出力　　119

　以上のデータを用意する必要があるが，CD-ROM 中のフォルダ DAT にあるプログラム DATMAKE が，簡単なプログラムではあるが，データ作成の一助となる。このプログラムは，主として要素データを生成するもので，以下はこのプログラムに特有の事項である。

(1)　倍精度計算である。
(2)　円形軸受の場合は，領域を半径方向には不等間隔に，円周方向には等間隔に分割する。図 3.33 に示すように，半径方向の分割に関しては，中間径 rm と外形 ro を指定し，それぞれの間を nri 分割，nro 分割することができる。

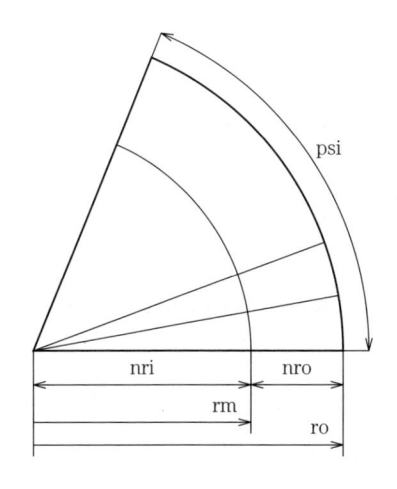

図 3.33　データ生成プログラムにおける円形領域の分割

(3)　円形領域に対する要素番号および節点番号の付け方は，図 3.34（a）のように決められている。
(4)　矩形の軸受の場合は，領域を各軸に沿って等間隔に分割する。
(5)　矩形領域に対する要素番号および節点番号の付け方は，図 3.34（b）のように決められている。
(6)　dat1.txt に必要なデータのうち，(4)，(6) の一部，(7)，(17)，(18) の一部が生成される。
(7)　ただし，(17) については，円形軸受の場合は $r$ 軸に沿った節点と $\theta$ 軸に沿った節点の圧力値が規定されると，矩形軸受の場合は $x$ 軸に沿った

(a) 円形領域　　　　　　　　　(b) 矩形領域

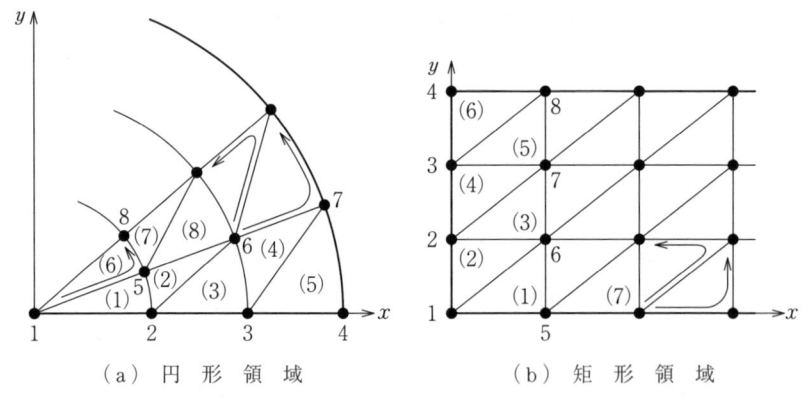

**図 3.34**　データ生成プログラムにおける要素番号と節点番号

節点と $y$ 軸に沿った節点の圧力値が規定されると，データが重複することになるので，削除して一つにする必要がある。

(8)　dat2.txt，dat3.txt が生成される。

(9)　dat3.txt は dat2.txt から必要な要素データを抜き出し，流出境界辺の ID を付け加えたものである。

(10)　2.3.2 項で説明した smartGRAPH および Graph-R 用のデータも生成される。

対話式に要素データ生成が行われるようになっており，3.4.5 項の圧縮性流体・環状/矩形・静圧スラスト軸受用のデータ生成プログラムとほとんど同じであるので，使い方は難しくないと思われる。

なお，本書のプログラムにおける流出流量計算では，図 3.32 に示すように要素から外向きの方向が正の流量となるようにしてある。

### 3.4.7　圧縮性流体・環状/矩形・表面絞り型静圧スラスト軸受
（GS-SURFACE）

本プログラムは，自成絞りやオリフィス絞りのない図 3.35 を対象とする，(G) 圧縮性流体・環状/矩形・表面絞り型静圧スラスト軸受，の解析である。環状形の場合は円周方向のみ浅溝があるもの，矩形の場合は $x$，$y$ 座標と平行

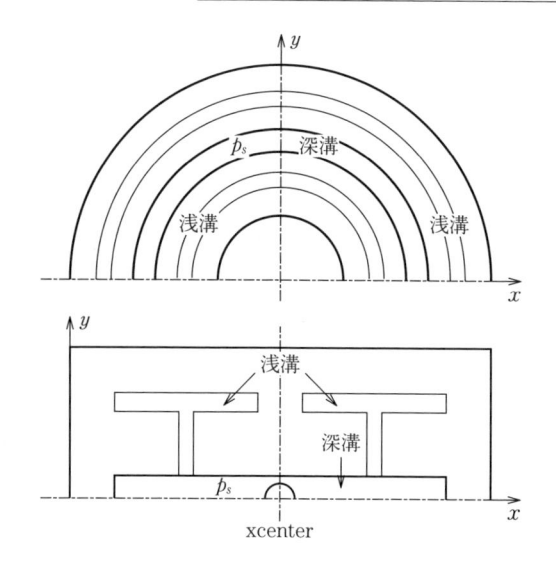

**図 3.35** 圧縮性流体・環状/矩形・表面絞り型静圧スラスト軸受のパターンの例

に浅溝があるものとする。この理由は，単に軸受すきまの定義が簡単だからである。また，図中の $y$ 軸または xcenter まわりに傾斜した場合にも対応している。

滑り速度 $u, v$ については注意が必要で，環状軸受では必ず 0.0 とする。矩形軸受では $x$ 方向の滑り速度 $u$ のみ考慮できる（$v$ はつねに 0.0）。これは，本プログラムでは，滑り速度成分が節点ごとに異なる場合に対応していないためである。

本プログラムは，図 3.35 のように深溝に一定供給圧 $p_s$ の流体が供給され，浅い溝部で絞り効果を生じる表面絞り型軸受を想定している。したがって，軸受すきまが図のように場所によって異なるレイノルズ方程式を，深溝部の圧力と軸受外縁部の圧力が規定されているという境界条件の下で解くことになる。しかしながら，3.4.5 項および 3.4.6 項のプログラムにおいて，軸受すきまを図 3.35 のように場所によって異なるようにすれば

自成/オリフィス絞りと表面絞りが複合した環状/矩形スラスト軸受

自成/オリフィス絞りと表面絞りが複合した円形/矩形スラスト軸受

という解析も可能となる。

以下のものが，計算によって求められる。

(1) 節点圧力値
(2) 要素ごとの負荷容量＝（要素の平均圧力）×（要素の面積）
(3) 対向式の軸受双方について，要素ごとの負荷容量および $y$ 軸または xcenter まわりの復元モーメントの和を求めることにより，力とモーメントに関する軸受負荷容量が求められ，双方の軸受負荷容量の差が算出される。
(4) こうして求められた負荷容量が icoeff 倍されて出力される。
(5) ibalance＝1 の場合には，軸受負荷容量と支持物体の自重そして荷重とこれによるモーメントが釣り合ったときの支持物体の位置を表す偏位率および傾斜角も求められる。
(6) 軸受すきまから流出する流体の質量流量と絞りから流入する質量流量が求められる。

3.4.5 項と同様に，計算モデルを設計するにあたって，軸受形状が環状で表面絞りのパターンが $x$ 軸について対称の場合は，$y$ 軸まわりの傾きを計算するために，計算モデルは半周分必要である。

本書のプログラムで表面絞りスラスト軸受の解析を行うためには，対象とする表面絞りのパターン，すなわち，場所 $(x, y)$ と $y$ 軸まわりの傾き beta の関数となる軸受すきまをサブルーチン副プログラム clearance に記述しなければならない。このとき，環状形の場合は，節点の座標値として $x, y$ 座標に加えて半径を示す $r$ 座標も要素データに加えておくとよい。軸受すきまの定義が容易になるからである。その詳細は 4.9 節で説明する。

入力データファイルは，つぎの三つのファイルである。

・dat1.txt
プログラム全体に関連したデータで，サブルーチン dinput で読み込まれる。

・dat2.txt
要素データ（要素番号，トポロジー，節点番号，節点座標）で，サブルーチン matrix で読み込まれる。サブルーチン capacity でも読み込まれる。

## 3.4 スラスト軸受解析のための入力データと出力

・dat3.txt

流体流出境界データ（要素番号，流出境界辺のID，トポロジー，節点座標）で，サブルーチン flowout で読み込まれる。

出力ファイルは，つぎの五つである。

・file.txt

任意のファイル名で，標準出力をこのファイルにリダイレクションしたもの。xxx.exe > file.txt で得られる。

・presdat1.txt

・presdat2.txt

Graph-R 用のデータファイルで，MPa 単位の圧力値のみが，節点番号順に書き込まれたファイルとして，サブルーチン writer によって，対向式軸受の side1 と side2（図 3.24 参照）について，自動的に生成される。

・pres1.dat

・pres2.dat

smartGRAPH 用のデータファイルで，MPa 単位の圧力値のみが，節点番号順に書き込まれたファイルとして，サブルーチン writer によって，対向式軸受の side1 と side2 について，自動的に生成される。

〔1〕 **dat1.txt の内容**

(1) タイトル（a72）

  title    72 文字以内のタイトル

(2) コントロール（3i5）

  model    軸受形状

          矩形………1

          環状………2

  ibalance   軸受負荷容量（圧力による力）と自重および荷重との釣合い

          偏位率を規定……………………………0

### 3. 各種軸受用プログラムとその使い方

　　　　　　　　　　　釣合い時の偏位率を求める。………1
　　　iwrite　　　要素データを check.txt に出力するか。
　　　　　　　　　　　しない………0
　　　　　　　　　　　する…………1

(3) コントロール (i5)

　　　icoeff　　　対称性を利用して解析領域を実際の $1/n$ にした場合は，その数 $n$。これは，サブルーチン capacity において，算出された力とモーメントを $n$ 倍するのに用いられる。

(4) コントロール (4i5)

　　　nelemR　　要素総数
　　　npoinR　　節点総数
　　　nbpoinR　　大気との境界のように節点圧力値が既知の節点の総数
　　　nbedgeR　　流出流量を計算するための境界を構成する要素の数。一つの要素が複数の流出境界をもっている場合も要素の数は1とする。

(5) コントロール (i5)

　　　nbandR　　節点番号の付け方によって決まる全体剛性マトリックスのバンド幅（図3.12参照。詳細は4.5節で説明）
　　　　　　　　　　　バンド幅＝一要素内の節点番号間の差の最大値
　　　　　　　　　　　　　　　（全要素を考慮）＋1

(6) コントロール (f10.8)

　　　tolerP　　　圧力に関する繰返し計算（3.2.1項 参照）の収束判定における許容値。
　　　　　　　　繰返し前後の変化率がこれ以下になったら一致したとみなす。

(7) コントロール (2f10.3)

　　　このデータは，ibalance＝1（釣合い計算をする）の場合に必要である。

## 3.4 スラスト軸受解析のための入力データと出力

| | | |
|---|---|---|
| tolerV | 垂直方向の力と自重との釣合いを判定する際の許容値 | |
| | | 単位：〔N〕 |
| tolerM | モーメントの釣合いを判定する際の許容値 | |
| | | 単位：〔N·m〕 |

(8) 特 性 値 (f10.7, f10.4, f10.5, f10.3)

| | | |
|---|---|---|
| ambipres | 周囲圧力（大気圧） | 単位：〔MPa〕 |
| ambitemp | 周囲温度 | 単位：〔K〕 |
| rhoa | 周囲圧力，温度における気体の密度 | 単位：〔kg/m$^3$〕 |
| visco | 軸受すきま内の気体の粘性係数 | 単位：〔μPa·s〕 |

(9) 特 性 値 (2f10.4)

| | | |
|---|---|---|
| gasconst | 気体定数 | 単位：〔J/(kg·K)〕 |
| | 単位質量当りで表された気体の状態方程式における気体定数。空気の場合 287.0 J/(kg·K) | |
| gamma | 気体の比熱比 | |

(10) 荷量データ (4f10.3)

| | | |
|---|---|---|
| xcenter | 全体座標系原点からの回転軸までの $+x$ 方向の距離 | |
| | | 単位：〔mm〕 |
| xpoint | 全体座標系原点から荷量点までの $+x$ 方向の距離。xpoint > xcenter であること。 | |
| | | 単位：〔mm〕 |
| wcen | 中心荷量（自重＋外力） | 単位：〔N〕 |
| | ibalance＝0 の場合は任意の値 | |
| woff | オフセット荷量 | 単位：〔N〕 |
| | ibalance＝0 の場合は任意の値 | |

(11) 軸受データ (3f10.7)

| | | |
|---|---|---|
| h0 | 平均軸受すきま | 単位：〔mm〕 |
| epsilon | 偏位率 | |
| | ibalance＝0 の場合は，指定された値 | |

　　　　　　　　　　　　ibalance＝1の場合は，0.0から1.0の範囲で仮定
　　　　　　　　　　　　した値
　　　　beta　　　　　　傾斜角　　　　　　　　　　　　　　　単位：〔rad〕
(12)　軸受データ（3f10.3）
　　　　xlength　　　　軸受の$x$方向の長さ（環状では外径）　単位：〔mm〕
　　　　u　　　　　　　$x$方向の滑り速度（環状の場合0.0）　単位：〔m/s〕
　　　　v　　　　　　　$y$方向の滑り速度（環状，矩形とも0.0）
　　　　　　　　　　　　　　　　　　　　　　　　　　　　　　　単位：〔m/s〕
(13)　規定節点圧力値（i5, 1x, f10.7）
　　　　つぎをセットにして，nbpoinR個。
　　　　lgivp(i)　　　　圧力が規定されている節点の番号
　　　　dgivval(i)　　　規定される圧力値（絶対圧）　　　　　単位：〔MPa〕

〔2〕 **dat2.txt の内容**　　つぎの(1)と(2)の組合せがnelemR個必要である。

　注意点としては，全体座標系$(x, y)$と局部座標系$(\xi, \eta)$の方向を一致させたほうが，トポロジーの指定間違い，すなわち要素節点番号と全体節点番号との対応の間違いが発生しにくい。特に，環状軸受では全体座標系と平行に要素分割することができないので，局部座標系$(\xi, \eta)$の方向を，例えば図3.24のように半径方向外向きを正の$\eta$座標にするとよいであろう。

(1)　トポロジー（9i5）
　　　　nel　　　　　　要素番号
　　　　lnods(1)　　　　その要素の要素節点番号1に対応する全体節点番号
　　　　　　︙
　　　　lnods(8)　　　　その要素の要素節点番号8に対応する全体節点番号
(2)　節点番号，節点座標値（i5, 3f20.6, f10.7）
　　　　つぎをセットにして，nnodpR個（nnodpR＝8）。
　　　　節点番号　　　　読み込まれない。データを見やすくするため
　　　　coord(i, 1)　　　要素節点番号$i$の$x$座標値　　　　　　単位：〔mm〕

## 3.4 スラスト軸受解析のための入力データと出力

coord(i, 2)　　　要素節点番号 $i$ の $y$ 座標値　　　　　　単位：〔mm〕

r(i)　　　　　　要素節点番号 $i$ の $r$ 座標値　　　　　　単位：〔mm〕
　　　　　　　　矩形軸受では空欄でよい。

theta(i)　　　　要素節点番号 $i$ の $\theta$ 座標軸　　　　　単位：〔rad〕
　　　　　　　　矩形軸受では空欄でよい。

〔3〕　**dat3.txt の内容**　　つぎの(1)と(2)の組合せが nbedgeR 個必要である。

2次の四角形要素を用いている本プログラムでは，図3.14上図のように流出境界辺の ID を定義している。すなわち，要素節点番号で

　　辺 7-1(S1)：ID = 8　　辺 1-3(S2)：ID = 4

　　辺 3-5(S3)：ID = 2　　辺 5-7(S4)：ID = 1

である。S1 と S2 が同時にある場合は 12(= 8 + 4)とする。四辺から流出があれば，15(= 8 + 4 + 2 + 1)となる。

(1)　トポロジー　(10i5)

　　loutelm(1)　　　要素番号

　　loutelm(2)　　　流出境界辺の ID

　　lnods(1)　　　　その要素の要素節点番号1に対応する全体節点番号

　　　⋮

　　lnods(8)　　　　その要素の要素節点番号8に対応する全体節点番号

(2)　節点番号，節点座標値　(i5, 3f20.6)

　　つぎをセットにして，nnodpR 個（nnodpR = 8）。

　　節点番号　　　　読み込まれない。データを見やすくするため

　　coord(i, 1)　　　要素節点番号 $i$ の $x$ 座標値　　　　　単位：〔mm〕

　　coord(i, 2)　　　要素節点番号 $i$ の $y$ 座標値　　　　　単位：〔mm〕

　　r(i)　　　　　　要素節点番号 $i$ の $r$ 座標値　　　　　単位：〔mm〕
　　　　　　　　　矩形軸受では空欄でよい。

以上のデータを用意する必要があるが，CD-ROM 中のフォルダ DAT にある

プログラム DATMAKE が，簡単なプログラムではあるが，データ作成の一助となる。このプログラムは，主として要素データを生成するもので，dat1.txt に必要なデータのうちの(4)の一部，(5)，(13)および dat2.txt, dat3.txt が生成される。また，2.3.2項で説明した smartGRAPH および Graph-R 用のデータも生成される。このプログラムの使用上の注意は，3.4.5項を参照していただきたい。

### 3.4.8 解析結果の見方

プログラムの実行が正常に終了すると，前節までに説明したように，いくつかのファイルが生成される。

check.txt は自動的に生成されるが，入力データ中のコントロール iwrite に 1 を与えれば，読み込まれた要素データがプログラム内で算出された軸受すきまの値とあわせて出力される。作成した要素データに誤りはないか，そのデータが正しく読み込まれているかなどのチェックに利用できる。

任意のファイル名を指定した出力ファイル（ここでは，file.txt）には
・dat1.txt から読み込まれたデータのほとんど
・節点番号と計算結果としての圧力値
・要素面積と要素当りの法線負荷容量およびモーメント
・軸受面積，軸受負荷容量，偏位率
・流量

などが出力される。

## 3.5 圧縮性流体・環状/矩形・多孔質絞り型静圧スラスト軸受解析のための入力データと出力

本プログラムは，図 3.36 を対象とする圧縮性流体・環状/矩形・多孔質絞り型静圧スラスト軸受，の解析である。四角形要素を用いているため環状と矩形の両方に対応している。また，3.4.5項および3.4.6項のスラスト軸受と同様に，$y$ 軸または xcenter まわりに傾斜した場合にも対応している。

### 3.5　圧縮性流体・環状/矩形・多孔質絞り型静圧スラスト軸受解析

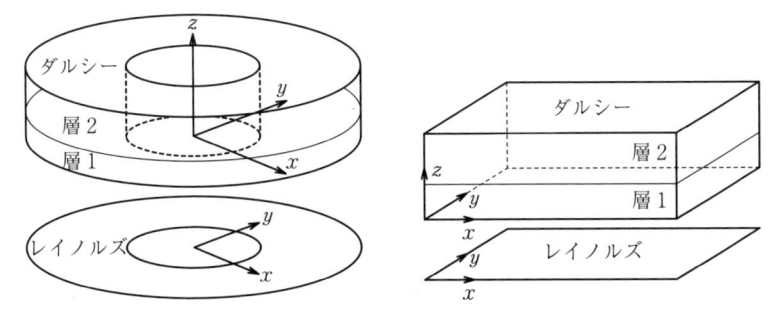

**図 3.36**　圧縮性流体・環状/矩形・多孔質絞り型静圧スラスト軸受

流体は圧縮性でポリトロープ変化を仮定しており，多孔質内の流れに関しては任意のポリトロープ指数を与えられるようになっている。

多孔質体の透過率については，例えば図 3.36 のように，層を指定することにより異なる透過率を与えることができ，かつ $x,y,z$ 方向で異なる透過率を与えることができる。本書における透過率の定義は式 (4.9) である。

滑り速度 $u,v$ については注意が必要で，環状軸受では必ず 0.0 とする。矩形軸受では $x$ 方向の滑り速度 $u$ のみ考慮できる（$v$ はつねに 0.0）。これは，本プログラムでは，滑り速度成分が節点ごとに異なる場合に対応していないためである。

#### 3.5.1　圧縮性流体・環状/矩形・多孔質絞り型静圧スラスト軸受 (GS-POROUS)

以下のものが，計算により求められる。

(1) 節点圧力値
(2) 要素ごとの負荷容量＝（要素の平均圧力）×（要素の面積）
(3) 対向式の軸受双方について，要素ごとの負荷容量および xcenter まわりの復元モーメントの和を求めることにより，力とモーメントに関する軸受負荷容量が求められ，双方の軸受負荷容量の差が算出される。
(4) こうして求められた負荷容量が icoeff 倍されて出力される。
(5) ibalance＝1 の場合には，軸受負荷容量と支持物体の自重そして荷重

130   3. 各種軸受用プログラムとその使い方

と，これによるモーメントが釣り合ったときの支持物体の位置を表す偏位率，および傾斜角も求められる。

(6) 軸受すきまから流出する流体の質量流量と絞りから流入する質量流量が求められる。

入力データファイルは，つぎの七つのファイルである。

・dat1.txt

プログラム全体に関連したデータで，サブルーチン dinput で読み込まれる。

・dat2-1.txt

多孔質体に関する要素データ（要素番号，属する層，トポロジー，節点番号，節点座標）で，サブルーチン matrix1 で読み込まれる。

・dat2-2.txt

軸受すきまに関する要素データ（要素番号，トポロジー，節点番号，節点座標）で，サブルーチン matrix2 およびサブルーチン capacity で読み込まれる。

・dat3-1.txt

多孔質体において，圧力値が規定されている節点の節点番号と圧力値で，サブルーチン specnode1 で読み込まれる。

・dat3-2.txt

軸受すきま（潤滑膜）において，圧力値が規定されている節点の節点番号と圧力値で，サブルーチン specnode2 で読み込まれる。

・dat4.txt

多孔質体の要素のうち，軸受すきま（潤滑膜）と接する要素のデータで，サブルーチン flowin で読み込まれる。

・dat5.txt

軸受すきまに関して，流出流量算出境界データ（要素番号，境界辺の ID，トポロジー，節点座標）で，サブルーチン flowout で読み込まれる。

出力ファイルは，つぎの五つである。

・file.txt

任意のファイル名で，標準出力をこのファイルにリダイレクションしたも

3.5 圧縮性流体・環状/矩形・多孔質絞り型静圧スラスト軸受解析

の。xxx.exe＞file.txt で得られる。

・porous1.dat
・porous2.dat

多孔質体に関する smartGRAPH 用のデータファイルで，MPa 単位の圧力値のみが，節点番号順に書き込まれたファイルとして，サブルーチン writer によって，対向式軸受の side1 と side2（図 3.24 参照）について，自動的に生成される。

・film1.dat
・film2.dat

潤滑膜に関する smartGRAPH 用のデータファイルで，MPa 単位の圧力値のみが，節点番号順に書き込まれたファイルとして，サブルーチン writer によって，対向式軸受の side1 と side2 について，自動的に生成される。

〔1〕 **dat1.txt の内容**

(1) タイトル（a72）

  title    72 文字以内のタイトル

(2) コントロール（3i5）

  model    軸受形状

         矩形………1

         環状………2

  ibalance    軸受負荷容量（圧力による力とモーメント）と，自重，荷重，およびモーメントとの釣合い

         偏位率と傾斜角を規定……………………0

         釣合い時の偏位率と傾斜角を求める。………1

  iwrite    要素データを check.txt に出力するか。

         しない………0

         する…………1

## 3. 各種軸受用プログラムとその使い方

(3) コントロール（i5）

 icoeff 対称性を利用して解析領域を実際の $1/n$ にした場合は，その数 $n$。これは，サブルーチン capacity において，算出された力とモーメントを $n$ 倍するのに用いられる。

(4) 多孔質体関係コントロール（4i5）

 nelem1 多孔質体の要素総数

 npoin1 多孔質体の節点総数

 nbpoin1 多孔質体の流体供給側表面（入口）および軸受すきまに面した表面（出口）を除く部分において，節点圧力値が既知の節点の総数。

    図3.37に示す黒丸の節点を含む面（界面）において，外縁の圧力が既知であっても境界条件とする必要はない。潤滑膜側から規定される。

 nbedge1 軸受すきまと接する多孔質体の要素の総数（＝nelem2）

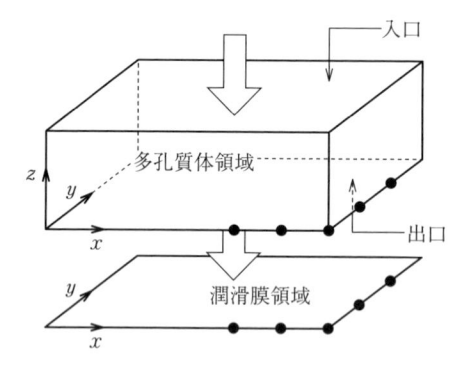

**図 3.37** 多孔質体と潤滑膜との界面

(5) 多孔質体関係コントロール（i5）

 nband1 節点番号の付け方によって決まる全体剛性マトリックスのバンド幅（図3.12参照。詳細は4.5節で説明）

$$\text{バンド幅} = \text{一要素内の節点番号間の差の最大値（全要素を考慮）} + 1$$

## 3.5 圧縮性流体・環状／矩形・多孔質絞り型静圧スラスト軸受解析

(6) 軸受すきま関係コントロール（4i5）

 nelem2  潤滑膜の要素総数

 npoin2  潤滑膜の節点総数

 nbpoin2 大気との境界のように節点圧力値が既知の節点の総数。この数は，潤滑膜と接する多孔質体の出口側の節点圧力値が既知の節点の数でもある。

 nbedge2 流出境界，すなわち外部と接する辺をもつ要素の総数

(7) 軸受すきま関係コントロール（i5）

 nband2  節点番号の付け方によって決まる全体剛性マトリックスのバンド幅（図 3.12 参照。詳細は 4.5 節で説明）

$$\text{バンド幅} = \text{一要素内の節点番号間の差の最大値（全要素を考慮）} + 1$$

(8) 軸受すきま関係コントロール（f10.8）

 tolerP  圧力に関する繰返し計算（3.2.1 項 参照）の収束判定における許容値。

    繰返し前後の変化率がこれ以下になったら一致したとみなす。

(9) コントロール（f10.8）

 tolerM  軸受すきまを形成している多孔質体の表面（出口側）の圧力と潤滑膜の圧力の一致に関する許容値

    繰返し前後の変化率がこれ以下になったら一致したとみなす。

(10) コントロール（2f10.3）

 このデータは，ibalance＝1（釣合い計算をする）の場合に必要である。

 tolerV  垂直方向の力と自重との釣合いを判定する際の許容値

              単位：〔N〕

 tolerMo モーメントの釣合いを判定する際の許容値

              単位：〔N·m〕

(11) 特　性　値（f10.7, f10.4）

  ambipres  周囲圧力（大気圧）      単位：〔MPa〕

  ambitemp  周囲温度         単位：〔K〕

(12) 多孔質体特性値（3d10.4）

  permex1  層1の$x$方向通気率（透過率）  単位：〔$m^2$〕

  permey1  層1の$y$方向通気率（透過率）  単位：〔$m^2$〕

  permez1  層1の$z$方向通気率（透過率）  単位：〔$m^2$〕

(13) 多孔質体特性値（3d10.4）

  permex2  層2の$x$方向通気率（透過率）  単位：〔$m^2$〕

  permey2  層2の$y$方向通気率（透過率）  単位：〔$m^2$〕

  permez2  層2の$z$方向通気率（透過率）  単位：〔$m^2$〕

(14) 気体特性値（f10.7, f10.4, f10.5, 2f10.3）

  gasconst  気体定数         単位：〔J/kg・K〕

       単位質量当りで表された気体の状態方程式における気体定数。空気の場合 287.0 J/(kg・K)

  gamma   気体の比熱比

  rhoa    周囲圧力，温度における気体の密度　単位：〔$kg/m^3$〕

  visco    軸受すきま内の気体の粘性係数 単位：〔$\mu Pa\cdot s$〕

  poly     多孔質体ポリトロープ指数

(15) 軸受データ（4f10.3）

  xcenter  全体座標系原点からの回転軸までの$+x$方向の距離

                         単位：〔mm〕

  xpoint   全体座標系原点から荷重点までの$+x$方向の距離。xpoint > xcenter であること。

                         単位：〔mm〕

  wcen   中心荷重（自重＋外力）    単位：〔N〕

      ibalance＝0 の場合は任意の値

|   | woff | オフセット荷重 | 単位：[N] |

ibalance＝0の場合は任意の値

(16) 軸受データ（3f10.7）

h0　　　　平均軸受すきま　　　　　　　　　　単位：[mm]

epsilon　　偏位率

　　　　ibalance＝0の場合は，指定された値

　　　　ibalance＝1の場合は，0.0から1.0の範囲で仮定した値

beta　　　傾斜角　　　　　　　　　　　　　　単位：[rad]

(17) 軸受データ（3f10.3）

xlength　　軸受の$x$方向の長さ（環状では外径）　単位：[mm]

u　　　　　$x$方向の滑り速度（環状の場合0.0）

　　　　　　　　　　　　　　　　　　　　　　単位：[m/s]

v　　　　　$y$方向の滑り速度（環状，矩形とも0.0）

　　　　　　　　　　　　　　　　　　　　　　単位：[m/s]

(18) 多孔質体と潤滑膜との界面に存在する多孔質体側の節点番号（i5）

ifnode(i)　界面における多孔質体側の節点番号　$i=1$, npoin2

図3.37の多孔質体に記した黒丸を含む面上の節点であり，その数はnpoin2に等しい。節点番号データの順番は，潤滑膜側の節点番号1～npoin2に対応する順番であること。

〔2〕 **dat2-1.txtの内容**

つぎの(1)と(2)の組合せがnelem1個必要である。

(1) 要素番号と層番号（2i5）

　　nel　　　　要素番号

　　layer　　　属する層の区別

　　　　　　　　　　層1に属する場合………1

　　　　　　　　　　層2に属する場合………2

(2) トポロジーに従った節点番号，節点座標値（i5, 4f15.6, f10.7）。

つぎをセットにして，nnodp1個（nnodp1＝20）。

  lnods(i)    その要素の要素節点番号 $i$ に対応する全体節点番号

  coord(i, 1)   要素節点番号 $i$ の $x$ 座標値      単位：〔mm〕

  coord(i, 2)   要素節点番号 $i$ の $y$ 座標値      単位：〔mm〕

  coord(i, 3)   要素節点番号 $i$ の $z$ 座標値      単位：〔mm〕

  r(i)      要素節点番号 $i$ の $r$ 座標値      単位：〔mm〕

        矩形軸受では空欄でよい。

  theta(i)    要素節点番号 $i$ の $\theta$ 座標値      単位：〔rad〕

        矩形軸受では空欄でよい。

〔3〕 **dat2-2.txt の内容**  つぎの(1)と(2)の組合せが nelem1 個必要である。

 (1) トポロジー（i5）

  nel      要素番号

 (2) トポロジーに従った節点番号，節点座標値（i5, 3f20.6, f10.7）。

  つぎをセットにして，nnodp2 個（nnodp2＝8）。

  lnods(i)    その要素の要素節点番号 $i$ に対応する全体節点番号

  coord(i, 1)   要素節点番号 $i$ の $x$ 座標値      単位：〔mm〕

  coord(i, 2)   要素節点番号 $i$ の $y$ 座標値      単位：〔mm〕

  r(i)      要素節点番号 $i$ の半径座標値     単位：〔mm〕

        矩形軸受では空欄でよい。

  theta(i)    要素節点番号 $i$ の $\theta$ 座標値      単位：〔rad〕

        矩形軸受では空欄でよい。

〔4〕 **dat3-1.txt の内容**  多孔質体規定節点圧力値（i5, 5x, f10.4）。
つぎをセットにして，nbpoin1 個。

  lgivp(i)    圧力が規定されている節点の番号

  dgivval(i)   規定される圧力値（絶対圧）      単位：〔MPa〕

〔5〕 **dat3-2.txt の内容**  軸受すきま規定節点圧力値（i5, 5x, f10.4）。
つぎをセットにして，nbpoin2 個。

  lgivp(i)    圧力が規定されている節点の番号

  dgivval(i)   規定される圧力値（絶対圧）      単位：〔MPa〕

## 3.5 圧縮性流体・環状/矩形・多孔質絞り型静圧スラスト軸受解析

〔6〕 **dat4.txt の内容**　潤滑膜と接する多孔質体の要素について（図3.38参照）。

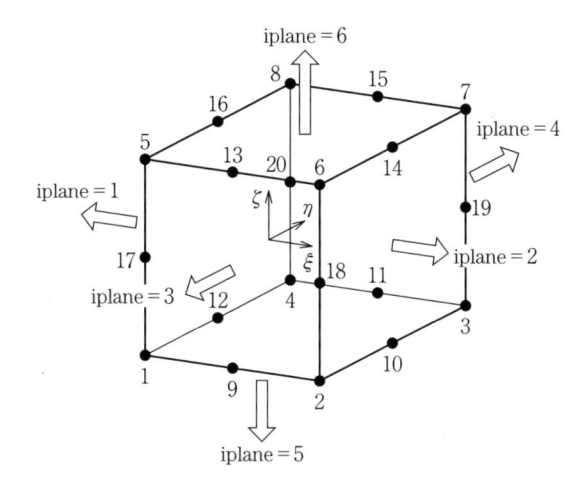

**図3.38** 多孔質体表面の番号の定義

(1) コントロール (3i5)

　　ielem　　　　単位面積当りの質量流量を算出する要素の番号

　　iplane　　　　算出面の位置

　　　　　　　　　$\xi = -1$ 面を 1，$\xi = 1$ 面を 2

　　　　　　　　　$\eta = -1$ 面を 3，$\eta = 1$ 面を 4

　　　　　　　　　$\zeta = -1$ 面を 5，$\zeta = 1$ 面を 6

　　layer　　　　属する層の区別

　　　　　　　　　層1に属する場合………1

　　　　　　　　　層2に属する場合………2

(2) トポロジーに従った節点番号, 節点座標値 (i5, 3f15.6)。

　　つぎをセットにして，nnodp1 個 (nnodp1 = 20)。

　　lnods(i)　　　　その要素の要素節点番号 $i$ に対応する全体節点番号

　　coord(i, 1)　　　要素節点番号 $i$ の $x$ 座標値　　　　単位：〔mm〕

　　coord(i, 2)　　　要素節点番号 $i$ の $y$ 座標値　　　　単位：〔mm〕

　　coord(i, 3)　　　要素節点番号 $i$ の $z$ 座標値　　　　単位：〔mm〕

〔7〕 **dat5.txt の内容**　　つぎの(1)と(2)の組合せを nbedge2 個。

2次の四角形要素を用いている本プログラムでは，図3.14上図のように流出境界辺の ID を定義している．すなわち，要素節点番号で

　　　辺 7-1(S1)：ID＝8　　辺 1-3(S2)：ID＝4

　　　辺 3-5(S3)：ID＝2　　辺 5-7(S4)：ID＝1

である．S1 と S2 が同時にある場合は 12(＝8＋4)とする．四辺から流出があれば，15(＝8＋4＋2＋1)となる．

(1)　トポロジー（2i5）

　　　nel　　　　　　要素番号

　　　iedge　　　　　流出境界辺の ID

(2)　節点番号，節点座標値（i5, 3f20.6）

　　　つぎをセットにして，nnodp2 個（nnodp2＝8）．

　　　lnods(i)　　　その要素の要素節点番号 $i$ に対応する全体節点番号

　　　coord(i, 1)　　要素節点番号 $i$ の $x$ 座標値　　　　　単位：〔mm〕

　　　coord(i, 2)　　要素節点番号 $i$ の $y$ 座標値　　　　　単位：〔mm〕

　　　r(i)　　　　　要素節点番号 $i$ の半径座標値　　　　　単位：〔mm〕

　　　　　　　　　　矩形軸受では空欄でよい．

以上のデータを用意する必要があるが，CD-ROM 中のフォルダ DAT にあるプログラム DATMAKE が，簡単なプログラムではあるが，データ作成の一助となる．このプログラムは，主として要素データを生成するもので，以下はこのプログラムに特有の事項である．

(1)　倍精度計算である．

(2)　環状形の軸受の場合は，多孔質体の領域を半径方向には不等間隔に，円周方向には等間隔に分割する．図3.33に示すように，半径方向の分割に関しては，中間径 rm と外形 ro を指定し，それぞれの間を nri 分割，nro 分割することができる．環状と矩形によらず多孔質体の軸方向（z 方向）については，**図3.39**に示すように，長さ（zlength1, 2, 3）の異なる3箇所をそれぞれ異なる分割数（nz1, 2, 3）で分割することができる．ただし，透過率は2通りにしか変えられないため，zlength1 の部分が

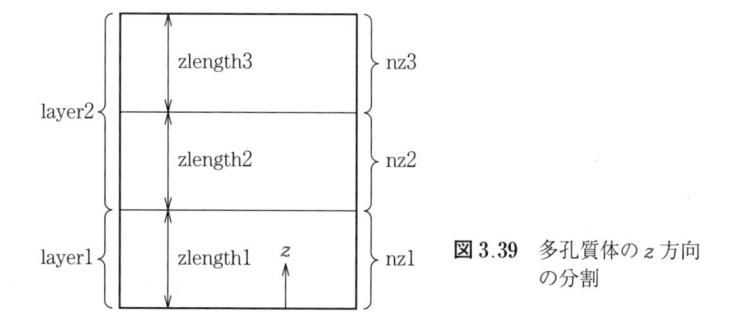

## 3.5 圧縮性流体・環状/矩形・多孔質絞り型静圧スラスト軸受解析

**図 3.39** 多孔質体の $z$ 方向の分割

layer1, zlength2 + zlength3 の部分が layer2 に対応するようになっている。

(3) 矩形の軸受の場合は，領域を各軸に沿って等間隔に分割する。

(4) 多孔質体の要素番号および節点番号の付け方は，**図 3.40** のように決められている。

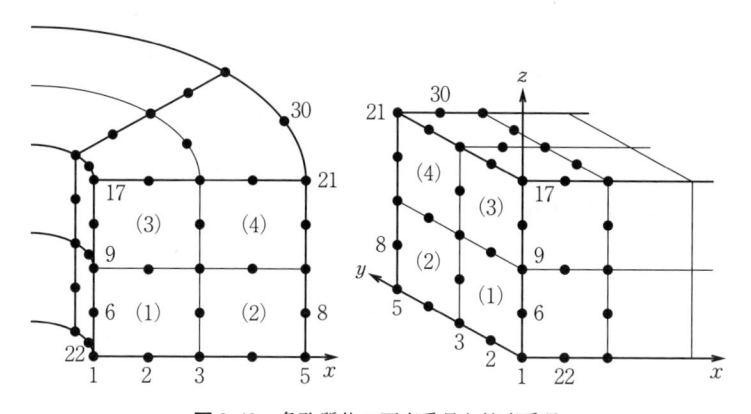

**図 3.40** 多孔質体の要素番号と節点番号

(5) 潤滑膜の要素番号および節点番号の付け方は，図 3.17 および図 3.27 のように決められている。

(6) dat1.txt に必要なデータのうち，(4)と(6)の一部，および(5), (7), (18) が生成される。

(7) dat2-1.txt から dat5.txt が生成される。ただし，dat3-1.txt と dat3-2.txt については，環状軸受の場合は $r$ 軸に沿った節点と $\theta$ 軸に沿った節点の圧力値が規定されると，矩形軸受の場合は $x$ 軸に沿った節点と $y$ 軸に

*140*　　3. 各種軸受用プログラムとその使い方

沿った節点の圧力値が規定されると，データが重複することになるので，削除して一つにする必要がある。

(8) 2.3.2項で説明した smartGRAPH および Graph-R 用のデータも生成される。

対話式に要素データ生成が行われるようになっており，datmake.f ファイルには日本語で説明してある部分もあるので，使い方は難しくないと思われるが，圧力と流量に関する部分を説明する。

データ生成プログラムにおいて，圧力規定の境界条件を定める際の注意点は，図3.19，図3.30を用いて説明したとおりである。すなわち，拾い出された節点番号が重複する場合があるので，その場合はどちらか一方を削除する必要がある（dat3-1.txt および dat3-2.txt ファイルを編集する）。

dat4.txt に関しては，図3.38に定義した面番号が指定されていなければならない。

dat5.txt は軸受すきまからの流出流量を算出するのに必要なデータである。図3.14上図に示したように，流体が横切る要素の辺番号を指定する。

### 3.5.2 解析結果の見方

プログラムの実行が正常に終了すると，前節までに説明したように，いくつかのファイルが生成される。

check.txt は自動的に生成されるが，入力データ中のコントロール iwrite に1を与えれば，読み込まれた要素データがプログラム内で算出された軸受すきまの値とあわせて出力される。作成した要素データに誤りはないか，そのデータが正しく読み込まれているかなどのチェックに利用できる。

任意のファイル名を指定した出力ファイル（ここでは，file.txt）には
・dat1.txt から読み込まれたデータのほとんど
・節点番号と計算結果としての圧力値
・要素面積と要素当りの法線負荷容量およびモーメント
・軸受面積，軸受負荷容量，偏位率
・流量

などが出力される。

# 4 プログラミングの要点と プログラムの検証

本章では，本書のプログラムを改良したい，あるいは独自のプログラムを作成したい場合のために，支配方程式の定式化から始めて，プログラミングの要点を解説する。

本書のプログラムにおいては，主として，つぎのことが行われている。
(1) レイノルズ方程式を解いて圧力分布を求める。
(2) 圧力分布から圧力勾配を算出して流速を求め，これを単位幅当りの質量流量を表す式に代入して，幅と軸受すきまを用いて，任意の要素の辺を横切る流量を算出する。

したがって，これらについて，プログラムのチェックを行う必要がある。その方法として，つぎの二つが考えられる。
(1) 理論解との比較
(2) 実測値との比較

(1)は理論どおりの計算がなされているかの確認であり，必ず必要な確認である。しかし，理論どおりの計算がなされていても，その結果が実際の現象を説明できるものでなくては意味がないから，(2)の確認も必要である。

## 4.1 有限要素法と定式化の方法

有限要素法によって連続体の問題を解く一般的な手順は，つぎのようである。

1) 連続体を離散化する。

適切な形の要素により，連続体を有限個の要素に分割する。この要素にはさまざまな形のものがあり，これらが混在して用いられることもある。

2) 補間関数を選択する。

　それぞれの要素に節点を設け，その要素全域における変数の変化を表す補間関数を選択する。

3) 要素の特性式を求める（定式化）。

　直接法，変分法または重み付き残差法を用いて，個々の要素の特性を表すマトリックス方程式を決定する。

4) 要素特性方程式を集めて全体の方程式を得る。

　要素の挙動を表すマトリックス方程式を組み合わせて，システム全体のマトリックス方程式を組み立てる。

5) 境界条件を適用する。

　問題の境界条件を考慮してシステム全体のマトリックス方程式の係数を修正する。

6) システム方程式を解く。

　未知の節点値を求めるためにシステム方程式を解く。システム方程式は，定常，非定常，線形，非線形など，問題によりさまざまである。

7) 必要なら付加的な計算をする。

　システム方程式を解いたのち，他の重要なパラメータを算出するための計算をする。例えば，節点変位値からひずみや応力を算出する，節点圧力値から負荷容量や流量を算出する。

この中で，有限要素の定式化 3) に関しては，汎関数を近似的に最小にする方法がよく用いられるが，汎関数が存在しない場合には，問題を支配する微分方程式から直接に有限要素近似を数学的に導く方法がある。この方法にはいくつかあるが，その一つが重み付き残差法の一種であるガラーキン（Galerkin）法である。

ガラーキン法は微分方程式の近似解を求める一方法である。すなわち，近似解と厳密解との差が，使用している近似関数と直交性をもつように解を求める方法である。いま，微分方程式を

$$Lu - f = 0$$

とし（$L$ は微分演算子），解を

$$\bar{u} = \sum N_i u_i$$

と近似すると

$$L\bar{u} - f = \varepsilon$$

というように，一般には $\varepsilon$ という近似解による残差または誤差が生じる．この $\varepsilon$ ができるだけ小さければ，これを解とみなすというものである．そのための一方法は，おのおのの形状関数（shape function）$N_i$ に対して

$$\int_R N_i \varepsilon dR = 0$$

とすることである．形状関数については後述する．この積分は，数学的には形状関数が領域内 $R$ で誤差と直交することを意味している．

$\phi$ を支配する微分方程式を $L(\phi)$ とし，これに形状関数を重みとするガラーキン法を適用するということを式で表せば

$$\int_R N_\beta L(\phi) dR = 0 \qquad (\beta = i, j, k, \cdots)$$

である．ここで，$\phi$ は未知変数でつぎのように仮定する．

$$\phi = [N_i, N_j, N_k, \cdots] \begin{Bmatrix} \phi_i \\ \phi_j \\ \phi_k \\ \vdots \\ \vdots \\ \vdots \end{Bmatrix}$$

次項から，本書で扱っている問題について，このような定式化を具体的に説明していくことにする．

### 4.1.1 圧縮性流体レイノルズ方程式

支配方程式を再掲すると

$$\frac{\partial}{\partial x}\left(\frac{h^3}{\mu}\frac{\partial p^2}{\partial x}\right) + \frac{\partial}{\partial y}\left(\frac{h^3}{\mu}\frac{\partial p^2}{\partial y}\right) = 12\left[U\frac{\partial(ph)}{\partial x} + V\frac{\partial(ph)}{\partial y}\right]$$

である。

　境界条件としては，一般には，境界上で圧力が規定されている場合と流量が規定されている場合が考えられる。すなわち

(1)　境界 $C_1$ 上で
$$p = p_a$$

(2)　境界 $C_2$ 上で
$$q_{out} = \vec{n} \cdot \left\{ \left( -\frac{h^3}{24\mu} \frac{\rho_a}{p_a} \frac{\partial p^2}{\partial x} + \frac{Uh}{2} \frac{\rho_a}{p_a} p \right) \vec{i} + \left( -\frac{h^3}{24\mu} \frac{\rho_a}{p_a} \frac{\partial p^2}{\partial y} + \frac{Vh}{2} \frac{\rho_a}{p_a} p \right) \vec{j} \right\}$$

ただし，$\vec{n}$ は単位法線ベクトルで，方向余弦と単位ベクトルにより
$$\vec{n} = \cos\alpha \cdot \vec{i} + \cos\beta \cdot \vec{j} = \ell_x \vec{i} + \ell_y \vec{j}$$
と表される。

　また，$x, y$ 方向の流速 $u, v$ は
$$u = \frac{z}{2\mu}(z-h)\frac{\partial p}{\partial x} + U\left(1 - \frac{z}{h}\right)$$
$$v = \frac{z}{2\mu}(z-h)\frac{\partial p}{\partial y} + V\left(1 - \frac{z}{h}\right)$$
と表される。

　さて，$p^2$ を変数とみなして支配方程式にガラーキン法を適用すると
$$\iint_R N_i \left[ \frac{\partial}{\partial x}\left( \frac{h^3}{\mu} \frac{\partial p^2}{\partial x} \right) + \frac{\partial}{\partial y}\left( \frac{h^3}{\mu} \frac{\partial p^2}{\partial y} \right) - 12U\frac{\partial(ph)}{\partial x} - 12V\frac{\partial(ph)}{\partial y} \right] dxdy = 0$$
$$(i = 1, 2, 3, \cdots) \quad (4.1)$$

となり，第1項と第2項それぞれに部分積分法を適用すれば，それぞれ
$$\iint_R \left[ \frac{\partial}{\partial x}\left( N_i \frac{h^3}{\mu} \frac{\partial p^2}{\partial x} \right) \right] dxdy - \iint_R \frac{\partial N_i}{\partial x} \frac{h^3}{\mu} \frac{\partial p^2}{\partial x} dxdy$$
$$\iint_R \left[ \frac{\partial}{\partial y}\left( N_i \frac{h^3}{\mu} \frac{\partial p^2}{\partial y} \right) \right] dxdy - \iint_R \frac{\partial N_i}{\partial y} \frac{h^3}{\mu} \frac{\partial p^2}{\partial y} dxdy$$

と表される。$p^2$ を変数とみなしているから，第3項，第4項の $p$ は係数と考えることができる。すなわち，それぞれ

$$\iint_R N_i 12 U p \frac{\partial h}{\partial x} dxdy, \quad \iint_R N_i 12 V p \frac{\partial h}{\partial y} dxdy$$

であるから，これに部分積分法を適用すると，それぞれ

$$\iint_R 12 U p \frac{\partial (N_i h)}{\partial x} dxdy - \iint_R 12 U p h \frac{\partial N_i}{\partial x} dxdy$$

$$\iint_R 12 V p \frac{\partial (N_i h)}{\partial y} dxdy - \iint_R 12 V p h \frac{\partial N_i}{\partial y} dxdy$$

したがって式 (4.1) は

$$\iint_R \left[ \frac{\partial}{\partial x}\left(N_i \frac{h^3}{\mu} \frac{\partial p^2}{\partial x}\right) + \frac{\partial}{\partial y}\left(N_i \frac{h^3}{\mu} \frac{\partial p^2}{\partial y}\right) - 12 U p \frac{\partial (N_i h)}{\partial x} - 12 V p \frac{\partial (N_i h)}{\partial y} \right] dxdy$$

$$- \iint_R \left( \frac{\partial N_i}{\partial x} \frac{h^3}{\mu} \frac{\partial p^2}{\partial x} + \frac{\partial N_i}{\partial y} \frac{h^3}{\mu} \frac{\partial p^2}{\partial y} \right) dxdy + \iint_R \left( 12 U p h \frac{\partial N_i}{\partial x} + 12 V p h \frac{\partial N_i}{\partial y} \right) dxdy = 0$$

$$(4.2)$$

となる。

ところで，$x, y$ 方向の単位幅当りの質量流量 $q_x, q_y$ は，$\rho = (\rho_a/p_a)p$ を考慮して

$$q_x = \int_0^h \rho u dz = -\frac{h^3}{24\mu} \frac{\rho_a}{p_a} \frac{\partial p^2}{\partial x} + \frac{Uh}{2} \frac{\rho_a}{p_a} p$$

$$q_y = \int_0^h \rho v dz = -\frac{h^3}{24\mu} \frac{\rho_a}{p_a} \frac{\partial p^2}{\partial y} + \frac{Vh}{2} \frac{\rho_a}{p_a} p$$

であるから，総質量流量 $q_{out}$ は

$$q_{out} = \vec{n} \cdot \left( q_x \vec{i} + q_y \vec{j} \right)$$

$$= \left( -\frac{h^3}{24\mu} \frac{\rho_a}{p_a} \frac{\partial p^2}{\partial x} + \frac{Uh}{2} \frac{\rho_a}{p_a} p \right) \ell_x + \left( -\frac{h^3}{24\mu} \frac{\rho_a}{p_a} \frac{\partial p^2}{\partial y} + \frac{Vh}{2} \frac{\rho_a}{p_a} p \right) \ell_y$$

と表される。そこで，この式をつぎのように変形する。

$$-24 \frac{p_a}{\rho_a} q_{out} = \left( \frac{h^3}{\mu} \frac{\partial p^2}{\partial x} - 12 U h p \right) \ell_x + \left( \frac{h^3}{\mu} \frac{\partial p^2}{\partial y} - 12 V h p \right) \ell_y \quad (4.3)$$

一方，式 (4.2) の一つ目の積分項にガウスの定理を適用すると

$$\iint_R \left[ \frac{\partial}{\partial x}\left( N_i \frac{h^3}{\mu} \frac{\partial p^2}{\partial x} - N_i 12 U h p \right) + \frac{\partial}{\partial y}\left( N_i \frac{h^3}{\eta} \frac{\partial p^2}{\partial y} - N_i 12 V h p \right) \right] dx dy$$

$$= \int_C \left[ \left( N_i \frac{h^3}{\mu} \frac{\partial p^2}{\partial x} - N_i 12 U h p \right) \ell_x + \left( N_i \frac{h^3}{\mu} \frac{\partial p^2}{\partial x} - N_i 12 V h p \right) \ell_y \right] ds$$

$$= \int_C N_i \left[ \left( \frac{h^3}{\mu} \frac{\partial p^2}{\partial x} - 12 U h p \right) \ell_x + \left( \frac{h^3}{\mu} \frac{\partial p^2}{\partial y} - 12 V h p \right) \ell_y \right] ds$$

となり，これに式 (4.3) を代入すると，式 (4.2) の一つ目の積分項は

$$\int_C N_i \left( -24 \frac{p_a}{\rho_a} q_{out} \right) ds$$

となる。

したがって，式 (4.2) は

$$\int_C N_i \left( -24 \frac{p_a}{\rho_a} q_{out} \right) ds - \iint_R \left( \frac{\partial N_i}{\partial x} \frac{h^3}{\mu} \frac{\partial p^2}{\partial x} + \frac{\partial N_i}{\partial y} \frac{h^3}{\mu} \frac{\partial p^2}{\partial y} \right) dx dy$$

$$+ \iint_R \left( 12 U p h \frac{\partial N_i}{\partial x} + 12 V p h \frac{\partial N_i}{\partial y} \right) dx dy = 0$$

整理すると

$$\iint_R \left( \frac{\partial N_i}{\partial x} \frac{h^3}{\mu} \frac{\partial p^2}{\partial x} + \frac{\partial N_i}{\partial y} \frac{h^3}{\mu} \frac{\partial p^2}{\partial y} \right) dx dy$$

$$- \iint_R \left( 12 U p h \frac{\partial N_i}{\partial x} + 12 V p h \frac{\partial N_i}{\partial y} \right) dx dy + \int_C N_i \left( 24 \frac{p_a}{\rho_a} q_{out} \right) ds = 0 \quad (4.4)$$

となる。

さて，$p^2$ を変数とみなしているから，有限要素法の概念に基づき，これを形状関数 $N$ と節点値 $P^2$ を用いて

$$p^2 = [N]\{P^2\} = N_1 P_1^2 + N_2 P_2^2 + N_3 P_3^2 + \cdots$$

と近似すれば

$$\frac{\partial p^2}{\partial x} = \frac{\partial [N]}{\partial x}\{P^2\}, \quad \frac{\partial p^2}{\partial y} = \frac{\partial [N]}{\partial y}\{P^2\}$$

であるから，式 (4.4) の一つ目の積分項は

## 4.1 有限要素法と定式化の方法

$$\iint_R \left( \frac{\partial N_i}{\partial x} \frac{h^3}{\mu} \frac{\partial [N]}{\partial x} \{P^2\} + \frac{\partial N_i}{\partial y} \frac{h^3}{\mu} \frac{\partial [N]}{\partial y} \{P^2\} \right) dxdy$$

$$= \iint_R \frac{h^3}{\mu} \left( \frac{\partial N_i}{\partial x} \frac{\partial [N]}{\partial x} + \frac{\partial N_i}{\partial y} \frac{\partial [N]}{\partial y} \right) dxdy \times \{P^2\}$$

$$= [k^{(e)}]\{P^2\}$$

となる。したがって要素剛性マトリックス $[k^{(e)}]$（レイノルズ方程式は流体の問題であるが，後述するように弾性体の剛性方程式と同じ形の式になるので，慣習的にこう呼ぶことが多い。負荷ベクトルも同様で，荷重ベクトルと呼ぶこともある）は

$$[k^{(e)}] = \iint_R \frac{h^3}{\mu} \left( \frac{\partial N_i}{\partial x} \frac{\partial [N]}{\partial x} + \frac{\partial N_i}{\partial y} \frac{\partial [N]}{\partial y} \right) dxdy \quad (i=1,2,3,\cdots)$$

または

$$[k^{(e)}] = \iint_R \frac{h^3}{\mu} \left( \frac{\partial [N]^T}{\partial x} \frac{\partial [N]}{\partial x} + \frac{\partial [N]^T}{\partial y} \frac{\partial [N]}{\partial y} \right) dxdy \tag{4.5}$$

と表される。このマトリックスは対称マトリックスである。

式 (4.4) の残りの項，すなわち要素負荷ベクトル $\{f^{(e)}\}$ は

$$\{f^{(e)}\} = \iint_R \left( 12 Uph \frac{\partial N_i}{\partial x} + 12 Vph \frac{\partial N_i}{\partial y} \right) dxdy - \int_C \left( N_i 24 \frac{p_a}{\rho_a} q_{out} \right) ds$$
$$(i=1,2,3,\cdots)$$

または

$$\{f^{(e)}\} = \iint_R \left( 12 Uph \frac{\partial [N]^T}{\partial x} + 12 Vph \frac{\partial [N]^T}{\partial y} \right) dxdy - \int_C \left( [N]^T 24 \frac{p_a}{\rho_a} q_{out} \right) ds$$
$$\tag{4.6}$$

と表される。

マトリックス表示すれば

$$[k^{(e)}]\{P^{2(e)}\} = \{f^{(e)}\}$$

であり，剛性方程式と同じ形となる。式 (4.5) および式 (4.6) を具体的に書き下すと

$$[k^{(e)}] = \begin{bmatrix} \int_R \dfrac{h^3}{\mu}\left(\dfrac{\partial N_1}{\partial x}\dfrac{\partial N_1}{\partial x} + \dfrac{\partial N_1}{\partial y}\dfrac{\partial N_1}{\partial y}\right)dxdy & \cdots & \int_R \dfrac{h^3}{\mu}\left(\dfrac{\partial N_1}{\partial x}\dfrac{\partial N_r}{\partial x} + \dfrac{\partial N_1}{\partial y}\dfrac{\partial N_r}{\partial y}\right)dxdy \\ & \vdots & \\ \int_R \dfrac{h^3}{\mu}\left(\dfrac{\partial N_r}{\partial x}\dfrac{\partial N_1}{\partial x} + \dfrac{\partial N_r}{\partial y}\dfrac{\partial N_1}{\partial y}\right)dxdy & \cdots & \int_R \dfrac{h^3}{\mu}\left(\dfrac{\partial N_r}{\partial x}\dfrac{\partial N_r}{\partial x} + \dfrac{\partial N_r}{\partial y}\dfrac{\partial N_r}{\partial y}\right)dxdy \end{bmatrix}$$

$$\{f^{(e)}\} = \begin{Bmatrix} \int_R \left(12Uph\dfrac{\partial N_1}{\partial x} + 12Vph\dfrac{\partial N_1}{\partial y}\right)dxdy - \int_C \left(N_1 24\dfrac{p_a}{\rho_a}q_{out}\right)ds \\ \int_R \left(12Uph\dfrac{\partial N_2}{\partial x} + 12Vph\dfrac{\partial N_2}{\partial y}\right)dxdy - \int_C \left(N_2 24\dfrac{p_a}{\rho_a}q_{out}\right)ds \\ \vdots \\ \int_R \left(12Uph\dfrac{\partial N_r}{\partial x} + 12Vph\dfrac{\partial N_r}{\partial y}\right)dxdy - \int_C \left(N_r 24\dfrac{p_a}{\rho_a}q_{out}\right)ds \end{Bmatrix}$$

となる。なお，負荷ベクトルの $q_{out}$ を含む流出流量に関する項は，境界条件として規定されることはまずないので，無視してよい。

### 4.1.2 非圧縮性流体レイノルズ方程式

支配方程式を再掲すると

$$\dfrac{\partial}{\partial x}\left(\dfrac{h^3}{\mu}\dfrac{\partial p}{\partial y}\right) + \dfrac{\partial}{\partial y}\left(\dfrac{h^3}{\mu}\dfrac{\partial p}{\partial y}\right) = 6\left[U\dfrac{\partial h}{\partial x} + V\dfrac{\partial h}{\partial y}\right]$$

である。

圧縮性流体の場合とほぼ同様で，支配方程式である非圧縮性流体レイノルズ方程式にガラーキン法を適用して，$P^2$ ではなく $P$ についての多元連立方程式

$$[k^{(e)}]\{P^{(e)}\} = \{f^{(e)}\}$$

が得られる。ここで，要素剛性マトリックスは

$$[k^{(e)}] = \iint_R \dfrac{h^3}{\mu}\left(\dfrac{\partial N_i}{\partial x}\dfrac{\partial [N]}{\partial x} + \dfrac{\partial N_i}{\partial y}\dfrac{\partial [N]}{\partial y}\right)dxdy \qquad (i=1,2,3,\cdots)$$

または

$$[k^{(e)}] = \iint_R \dfrac{h^3}{\mu}\left(\dfrac{\partial [N]^T}{\partial x}\dfrac{\partial [N]}{\partial x} + \dfrac{\partial [N]^T}{\partial y}\dfrac{\partial [N]}{\partial y}\right)dxdy \qquad (4.7)$$

となり，このマトリックスは対称マトリックスである。

要素負荷ベクトルは

$$\{f^{(e)}\} = \iint_R \left(6Uh\frac{\partial N_i}{\partial x} + 6Vh\frac{\partial N_i}{\partial y}\right)dxdy - \int_C \left(N_i \frac{12}{\rho} q_{out}\right)ds$$

$$(i = 1, 2, 3, \cdots)$$

または

$$\{f^{(e)}\} = \iint_R \left(6Uh\frac{\partial [N]^T}{\partial x} + 6Vh\frac{\partial [N]^T}{\partial y}\right)dxdy - \int_C \left([N]^T \frac{12}{\rho} q_{out}\right)ds$$

(4.8)

である。そして，$x, y$ 方向の単位幅当りの質量流量 $q_x, q_y$ は

$$q_x = \int_0^h \rho u dz = -\frac{h^3}{12\mu}\rho\frac{\partial p}{\partial x} + \frac{Uh}{2}\rho$$

$$q_y = \int_0^h \rho v dz = -\frac{h^3}{12\mu}\rho\frac{\partial p}{\partial y} + \frac{Vh}{2}\rho$$

であり，総質量流量 $q_{out}$ は

$$q_{out} = \vec{n} \cdot (q_x \vec{i} + q_y \vec{j})$$

$$= \left(-\frac{h^3}{12\mu}\rho\frac{\partial p}{\partial x} + \frac{Uh}{2}\rho\right)\ell_x + \left(-\frac{h^3}{12\mu}\rho\frac{\partial p}{\partial y} + \frac{Vh}{2}\rho\right)\ell_y$$

と表される。

### 4.1.3 多孔質体内の流れとレイノルズ方程式

多孔質絞り型軸受の場合は，多孔質体内の流れの支配方程式を定式化する必要がある。なぜなら，流体は多孔質体内を通過して軸受すきまに流入し，これが負荷となって軸受すきま内に圧力分布が生じるからである。したがって，多孔質体内の流れの支配方程式と軸受すきま内の流れの支配方程式を連成して解く必要がある。

**図4.1** を多孔質体内の微小体積要素とし，ここにおける流量の釣合いを考える。ここで，多孔質内の流れがダルシーの法則に従うと仮定すれば，3 方向それぞれの単位面積当りの体積流量，すなわち流速は

$$u = -k_x \frac{\partial p}{\partial x}, \quad v = -k_y \frac{\partial p}{\partial y}, \quad w = -k_z \frac{\partial p}{\partial z} \qquad (4.9)$$

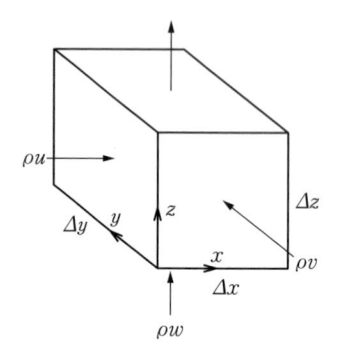

図 4.1 多孔質体内の流れ

である。ここで $k_x, k_y, k_z$ は多孔質体内のそれぞれの方向の透過率（permeability）である。$\Delta t$ 時間にこの体積に流入する質量は

$$(\rho u \Delta y \Delta z + \rho v \Delta x \Delta z + \rho w \Delta x \Delta y)\, \Delta t$$

流出する質量は

$$\left[\left(\rho u + \frac{\partial(\rho u)}{\partial x}\Delta x\right)\Delta y \Delta z + \left(\rho v + \frac{\partial(\rho v)}{\partial y}\Delta y\right)\Delta x \Delta z \right.$$
$$\left. + \left(\rho w + \frac{\partial(\rho w)}{\partial z}\Delta z\right)\Delta x \Delta y \right]\Delta t$$

であり，両者の差がこの体積に蓄えられる質量となる。すなわち

$$\left(\frac{\partial \rho}{\partial t}\Delta t\right)\Delta x \Delta y \Delta z = \left[\frac{\partial(\rho u)}{\partial x} + \frac{\partial(\rho v)}{\partial y} + \frac{\partial(\rho w)}{\partial z}\right]\Delta t \Delta x \Delta y \Delta z$$

さらに，時間に無関係の定常状態では左辺が 0 であるから

$$\frac{\partial(\rho u)}{\partial x} + \frac{\partial(\rho v)}{\partial y} + \frac{\partial(\rho w)}{\partial z} = 0$$

となり，$u, v, w$ を代入して

$$\frac{\partial}{\partial x}\left(\rho \frac{k_x}{\mu}\frac{\partial p}{\partial x}\right) + \frac{\partial}{\partial y}\left(\rho \frac{k_y}{\mu}\frac{\partial p}{\partial y}\right) + \frac{\partial}{\partial z}\left(\rho \frac{k_z}{\mu}\frac{\partial p}{\partial z}\right) = 0 \qquad (4.10)$$

非圧縮性流体（$\rho$ 一定）で，透過率および粘性係数 $\mu$ が一定の場合は

$$k_x \frac{\partial^2 p}{\partial x^2} + k_y \frac{\partial^2 p}{\partial y^2} + k_z \frac{\partial^2 p}{\partial z^2} = 0$$

多孔質体が等質であれば，$k_x = k_y = k_z$ であるから

$$\frac{\partial^2 p}{\partial x^2} + \frac{\partial^2 p}{\partial y^2} + \frac{\partial^2 p}{\partial z^2} = 0$$

と求められる。

　また，圧縮性流体の場合は，ポリトロープ変化を仮定すれば，上式に

$$\rho = \left(\frac{p}{p_a}\right)^{\frac{1}{n}} \rho_a$$

を代入して整理し

$$\frac{\partial}{\partial x}\left(\frac{k_x}{\mu}\frac{\partial p^{1+\frac{1}{n}}}{\partial x}\right) + \frac{\partial}{\partial y}\left(\frac{k_y}{\mu}\frac{\partial p^{1+\frac{1}{n}}}{\partial y}\right) + \frac{\partial}{\partial z}\left(\frac{k_z}{\mu}\frac{\partial p^{1+\frac{1}{n}}}{\partial z}\right) = 0 \qquad (4.11)$$

が得られる。

　式 (4.10) または式 (4.11) が多孔質体内の流れの支配方程式である。ちなみに，この式は定常熱伝導方程式と同一の形をしている。それは，熱伝導方程式のもとになっているフーリエの法則が，ダルシーの法則と同じ形をしているからである。

　また，熱伝導問題における熱流束に相当する単位面積当りの質量流量は，圧縮性流体の場合

$$q = \rho\left(-\frac{k_x}{\mu}\frac{\partial p}{\partial x}\ell_x - \frac{k_y}{\mu}\frac{\partial p}{\partial y}\ell_y - \frac{k_z}{\mu}\frac{\partial p}{\partial z}\ell_z\right)$$

$$= \left(\frac{p}{p_a}\right)^{\frac{1}{n}} \rho_a\left(-\frac{k_x}{\mu}\frac{\partial p}{\partial x}\ell_x - \frac{k_y}{\mu}\frac{\partial p}{\partial y}\ell_y - \frac{k_z}{\mu}\frac{\partial p}{\partial z}\ell_z\right)$$

$$= \frac{n}{n+1}\left(\frac{p}{p_a}\right)^{\frac{1}{n}} \rho_a\left(-\frac{k_x}{\mu}\frac{\partial p^{\frac{1+n}{n}}}{\partial x}\ell_x - \frac{k_y}{\mu}\frac{\partial p^{\frac{1+n}{n}}}{\partial y}\ell_y - \frac{k_z}{\mu}\frac{\partial p^{\frac{1+n}{n}}}{\partial z}\ell_z\right) \qquad (4.12)$$

である。ここで，$\ell_x, \ell_y, \ell_z$ は $x, y, z$ に関する方向余弦である。

　上記した支配方程式の定式化はレイノルズ方程式の場合と同様であり，多くの書籍で説明されている熱伝導方程式の場合と同じであるから，詳細は省略して結果のみを示す。

　圧縮性流体の場合は

$$\left[k^{(e)}\right]\left\{P^{\frac{1+n}{n}(e)}\right\} = \left\{f^{(e)}\right\}$$

において，要素剛性マトリックスは

$$[k^{(e)}] = \int_V \left( \frac{k_x}{\mu} \frac{\partial [N]^T}{\partial x} \frac{\partial [N]}{\partial x} + \frac{k_y}{\mu} \frac{\partial [N]^T}{\partial y} \frac{\partial [N]}{\partial y} + \frac{k_z}{\mu} \frac{\partial [N]^T}{\partial z} \frac{\partial [N]}{\partial z} \right) dV \tag{4.13}$$

であり，このマトリックスは対称マトリックスである．負荷ベクトルは

$$\{f^{(e)}\} = \int_S \left( [N]^T \frac{n+1}{n} \frac{p_a^{\frac{1}{n}}}{\rho_a} q \right) dS \tag{4.14}$$

である．

　密度と粘性係数が一定の非圧縮性流体で，等質の多孔質体の場合は

$$[k^{(e)}]\{p^{(e)}\} = \{f^{(e)}\}$$

において，要素剛性マトリックスは

$$[k^{(e)}] = \int_V \left( \frac{\partial [N]^T}{\partial x} \frac{\partial [N]}{\partial x} + \frac{\partial [N]^T}{\partial y} \frac{\partial [N]}{\partial y} + \frac{\partial [N]^T}{\partial z} \frac{\partial [N]}{\partial z} \right) dV \tag{4.15}$$

と表される対称マトリックスである．負荷ベクトルは

$$\{f^{(e)}\} = \int_S ([N]^T q) dS \tag{4.16}$$

ただし

$$q = \frac{\rho k}{\mu} \left( -\frac{\partial p}{\partial x} \ell_x - \frac{\partial p}{\partial y} \ell_y - \frac{\partial p}{\partial z} \ell_z \right)$$

である．

　さて，圧縮性流体を潤滑剤とする多孔質絞り軸受では，式(4.12)で表される単位面積当りの質量流量が軸受すきまに流入し，これが負荷となって軸受すきま内に圧力が発生すると考えられる．したがって，多孔質絞り軸受における軸受すきま内の潤滑膜の支配方程式は，1.2.3項に示した壁で囲まれた狭いすきまの場合とは右辺が異なる．

　**図4.2**において，上部の壁を多孔質体とする．軸受すきま内に高さ$h$で断面積が微小な直方体を考える．$q_x$と$q_y$を単位幅当りの質量流量，$q_{in}$を多孔質体から流入する単位面積当りの質量流量とすると，定常状態における質量流量の釣合いは

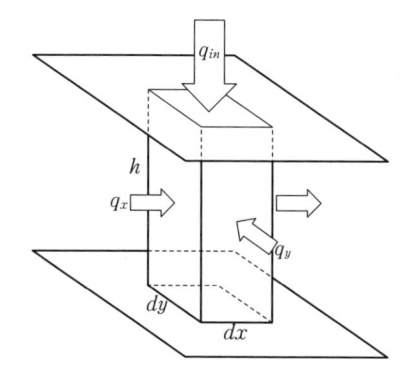

**図 4.2** 多孔質絞り軸受

$$q_x dy + q_y dx + q_{in} dxdy = \left(q_x + \frac{\partial q_x}{\partial x} dx\right) dy + \left(q_y + \frac{\partial q_y}{\partial y} dy\right) dx$$

であり

$$q_x = \int_0^h \rho u dz = \frac{h}{2} \rho U - \frac{h^3}{12\mu} \rho \frac{\partial p}{\partial x}, \quad q_y = \int_0^h \rho v dz = \frac{h}{2} \rho V - \frac{h^3}{12\mu} \rho \frac{\partial p}{\partial y}$$

を代入して整理すると

$$\frac{\partial}{\partial x}\left(\frac{h^3}{12\mu} \rho \frac{\partial p}{\partial x}\right) + \frac{\partial}{\partial y}\left(\frac{h^3}{12\mu} \rho \frac{\partial p}{\partial y}\right) = \frac{U}{2} \frac{\partial (\rho h)}{\partial x} + \frac{V}{2} \frac{\partial (\rho h)}{\partial y} - q_{in}$$

となる。等温変化の圧縮性流体であれば

$$\frac{\partial}{\partial x}\left(\frac{h^3}{\mu} \frac{\partial p^2}{\partial x}\right) + \frac{\partial}{\partial y}\left(\frac{h^3}{\mu} \frac{\partial p^2}{\partial y}\right) = 12\left[U\frac{\partial (ph)}{\partial x} + V\frac{\partial (ph)}{\partial y}\right] - 24\frac{p_a}{\rho_a} q_{in} \tag{4.17}$$

と、式 (1.5) に右辺の第 3 項が加えられた形となる。これが圧縮性流体多孔質絞り型軸受の支配方程式である。

非圧縮性流体の場合は

$$\frac{\partial}{\partial x}\left(\frac{h^3}{\mu} \frac{\partial p}{\partial x}\right) + \frac{\partial}{\partial y}\left(\frac{h^3}{\mu} \frac{\partial p}{\partial y}\right) = 6\left[U\frac{\partial h}{\partial x} + V\frac{\partial h}{\partial y}\right] - 12 q_{in} \tag{4.18}$$

である。どちらの場合も、$q_{in}$ は軸受すきまに接する多孔質体表面の圧力分布すなわち軸受すきま内の圧力分布に依存し、その圧力分布は $q_{in}$ に依存するから、多孔質体と軸受すきまの支配方程式を連成させて解くことになる。

## 4.2 要素および局部座標系と全体座標系

レイノルズ方程式に支配される解析対象領域は2次元であるから,三角形または四角形の要素で分割するのが妥当である。本書のプログラムでは,平面に展開したジャーナル軸受そして矩形スラスト軸受と環状スラスト軸受には

  2次の四角形要素

円形スラスト軸受には

  1次の三角形要素

を用いている。さらに,環状または矩形の多孔質スラスト軸受の多孔質体には

  2次の六面体要素

を用いている。

### 4.2.1 2次の四角形要素

2次の四角形要素とは,図4.3に示すようなものであり,粗い要素分割でも計算精度が低下するのを避けるために,補間関数(内挿関数)が2次のアイソパラメトリック要素を用いている。アイソパラメトリック要素とは,要素形状を定めるのに使用する節点の数と補間関数を定義するのに使用する節点の数とが等しいものである。すなわち,形状関数 $N_i$ を用いて

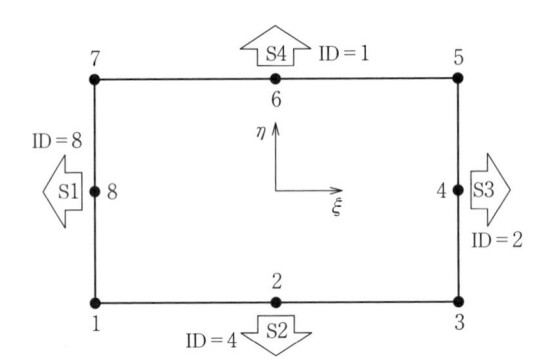

図4.3 2次の四角形アイソパラメトリック要素

## 4.2 要素および局部座標系と全体座標系

$$\phi = \sum_{i=1}^{r} N_i \Phi_i, \quad x = \sum_{i=1}^{r} N_i X_i, \quad y = \sum_{i=1}^{r} N_i Y_i, \quad z = \sum_{i=1}^{r} N_i Z_i$$

図4.3において，$\xi, \eta$ を $-1$ から $+1$ まで変化する局部座標系（自然座標系ともいう）とすれば，8節点の四角形要素に対する内挿多項式は

$$\phi = a_1 + a_2 \xi + a_3 \eta + a_4 \xi \eta + a_5 \xi^2 + a_6 \eta^2 + a_7 \xi^2 \eta + a_8 \xi \eta^2$$

と表される。節点の番号づけと局部座標系との対応は図のとおりとする。この式は，有限要素法の考え方に基づき，$\xi, \eta$ を用いて要素内の変数を2次の多項式で近似したものである。これに，8節点それぞれの局部座標値（$-1$ または $0$ または $+1$）と節点値を代入して整理すると

$$\phi = [N]\{\Phi\} = \sum_{i=1}^{8} N_i \Phi_i$$

と，形状関数と節点値を用いて要素の任意の位置における変数の値が定義される。局部座標系で表した形状関数は

$$N_1 = -\frac{1}{4}(1-\xi)(1-\eta)(\xi+\eta+1), \quad N_2 = \frac{1}{2}(1-\xi^2)(1-\eta),$$

$$N_3 = \frac{1}{4}(1+\xi)(1-\eta)(\xi-\eta-1), \quad N_4 = \frac{1}{2}(1-\eta^2)(1+\xi),$$

$$N_5 = \frac{1}{4}(1+\xi)(1+\eta)(\xi+\eta-1), \quad N_6 = \frac{1}{2}(1-\xi^2)(1+\eta),$$

$$N_7 = -\frac{1}{4}(1-\xi)(1+\eta)(\xi-\eta+1), \quad N_8 = \frac{1}{2}(1-\eta^2)(1-\xi)$$

である。

さて，4.1節の定式化においては，形状関数は全体座標系（$x, y$ 座標系）で評価されている。一方，上記の形状関数は局部座標系で表されている。よって，この間の座標変換が必要となり，それには以下の数学的関係式を用いればよい。一般に

$$\frac{\partial N_i}{\partial \xi} = \frac{\partial N_i}{\partial x}\frac{\partial x}{\partial \xi} + \frac{\partial N_i}{\partial y}\frac{\partial y}{\partial \xi}, \quad \frac{\partial N_i}{\partial \eta} = \frac{\partial N_i}{\partial x}\frac{\partial x}{\partial \eta} + \frac{\partial N_i}{\partial y}\frac{\partial y}{\partial \eta}$$

であるから

$$\begin{Bmatrix} \dfrac{\partial N_i}{\partial \xi} \\ \dfrac{\partial N_i}{\partial \eta} \end{Bmatrix} = \begin{bmatrix} \dfrac{\partial x}{\partial \xi} & \dfrac{\partial y}{\partial \xi} \\ \dfrac{\partial x}{\partial \eta} & \dfrac{\partial y}{\partial \eta} \end{bmatrix} \begin{Bmatrix} \dfrac{\partial N_i}{\partial x} \\ \dfrac{\partial N_i}{\partial y} \end{Bmatrix} = [J] \begin{Bmatrix} \dfrac{\partial N_i}{\partial x} \\ \dfrac{\partial N_i}{\partial y} \end{Bmatrix}, \quad \begin{Bmatrix} \dfrac{\partial N_i}{\partial x} \\ \dfrac{\partial N_i}{\partial y} \end{Bmatrix} = [J]^{-1} \begin{Bmatrix} \dfrac{\partial N_i}{\partial \xi} \\ \dfrac{\partial N_i}{\partial \eta} \end{Bmatrix}$$

ここで$[J]$はヤコビアンであり,つぎのように求めることができる。

$$[J] = \begin{bmatrix} \dfrac{\partial x}{\partial \xi} & \dfrac{\partial y}{\partial \xi} \\ \dfrac{\partial x}{\partial \eta} & \dfrac{\partial y}{\partial \eta} \end{bmatrix} = \begin{bmatrix} \sum_{i=1}^{8} \dfrac{\partial N_i}{\partial \xi} X_i & \sum_{i=1}^{8} \dfrac{\partial N_i}{\partial \xi} Y_i \\ \sum_{i=1}^{8} \dfrac{\partial N_i}{\partial \eta} X_i & \sum_{i=1}^{8} \dfrac{\partial N_i}{\partial \eta} Y_i \end{bmatrix}$$

$$[J]^{-1} = \begin{bmatrix} \dfrac{\partial \xi}{\partial x} & \dfrac{\partial \eta}{\partial x} \\ \dfrac{\partial \xi}{\partial y} & \dfrac{\partial \eta}{\partial y} \end{bmatrix} = \dfrac{1}{\det[J]} \begin{bmatrix} \dfrac{\partial y}{\partial \eta} & -\dfrac{\partial y}{\partial \xi} \\ -\dfrac{\partial x}{\partial \eta} & \dfrac{\partial x}{\partial \xi} \end{bmatrix} = \begin{bmatrix} \overline{J}_{11} & \overline{J}_{12} \\ \overline{J}_{21} & \overline{J}_{22} \end{bmatrix}$$

$$\det[J] = \dfrac{\partial x}{\partial \xi} \dfrac{\partial y}{\partial \eta} - \dfrac{\partial x}{\partial \eta} \dfrac{\partial y}{\partial \xi}$$

また

$$dxdy = \det[J]\, d\xi d\eta$$

である。

### 4.2.2 1次の三角形要素

図4.4は2次元シンプレックス要素と呼ばれるものである。この場合の内挿多項式は,全体座標系($x, y$座標系)を用いて

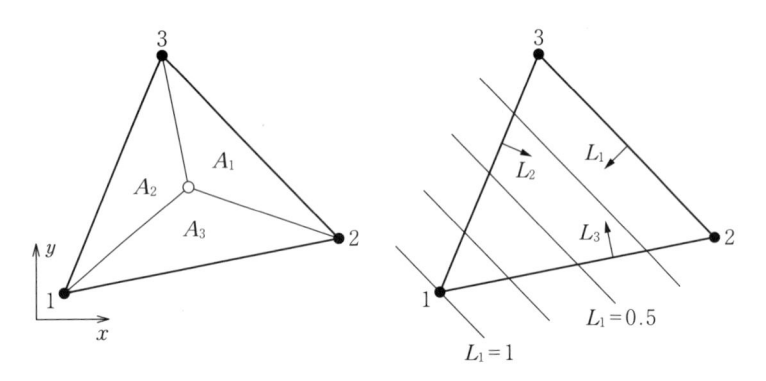

図4.4 三 角 形 要 素

$$\phi = a_1 + a_2 x + a_3 y$$

すなわち，形状関数と節点値を用いて

$$\phi = [N]\{\Phi\} = \sum_{i=1}^{3} N_i \Phi_i$$

と表される。ここで，形状関数は $x$ と $y$ の関数であるが，面積座標と呼ばれる局部座標系（自然座標系，0から1まで変わる）で上式を表し直すことができる。

図4.4において，全面積に対する部分三角形の面積 $A_1$ から $A_3$ それぞれの比を $L_1, L_2, L_3$ とすると，要素上の任意の点は $L_1$ から $L_3$ のうちの二つの局部座標を使って表すことができる。この座標変数 $L_1, L_2, L_3$ は，シンプレックス要素の形状関数でもある，という性質をもっている。すなわち

$$N_1 = L_1, \quad N_2 = L_2, \quad N_3 = L_3$$

である。ちなみに，つぎの関係式

$$x = L_1 X_1 + L_2 X_2 + L_3 X_3, \quad y = L_1 Y_1 + L_2 Y_2 + L_3 Y_3, \quad 1 = L_1 + L_2 + L_3$$

を $L_1, L_2, L_3$ について解くと，前述の $\phi$ を表す式と同じ式が求められる。

### 4.2.3 2次の六面体要素

図4.5は3次元の六面体要素である。変域が $-1$ から $+1$ である局部座標系で表した形状関数は

$$N_1 = \frac{1}{8}(1-\xi)(1-\eta)(1-\zeta)(-\xi-\eta-\zeta-2),$$

$$N_2 = \frac{1}{8}(1+\xi)(1-\eta)(1-\zeta)(\xi-\eta-\zeta-2),$$

$$N_3 = \frac{1}{8}(1+\xi)(1+\eta)(1-\zeta)(\xi+\eta-\zeta-2),$$

$$N_4 = \frac{1}{8}(1-\xi)(1+\eta)(1-\zeta)(-\xi+\eta-\zeta-2),$$

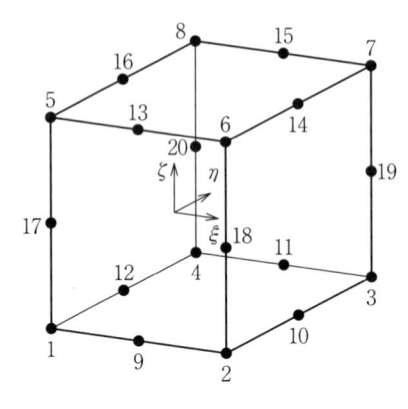

図 4.5 六面体要素

$$N_5 = \frac{1}{8}(1-\xi)(1-\eta)(1+\zeta)(-\xi-\eta+\zeta-2),$$

$$N_6 = \frac{1}{8}(1+\xi)(1-\eta)(1+\zeta)(\xi-\eta+\zeta-2),$$

$$N_7 = \frac{1}{8}(1+\xi)(1+\eta)(1+\zeta)(\xi+\eta+\zeta-2),$$

$$N_8 = \frac{1}{8}(1-\xi)(1+\eta)(1+\zeta)(-\xi+\eta+\zeta-2),$$

$$N_9 = \frac{1}{4}(1-\xi^2)(1-\eta)(1-\zeta), \qquad N_{10} = \frac{1}{4}(1+\xi)(1-\eta^2)(1-\zeta),$$

$$N_{11} = \frac{1}{4}(1-\xi^2)(1+\eta)(1-\zeta), \qquad N_{12} = \frac{1}{4}(1-\xi)(1-\eta^2)(1-\zeta),$$

$$N_{13} = \frac{1}{4}(1-\xi^2)(1-\eta)(1+\zeta), \qquad N_{14} = \frac{1}{4}(1+\xi)(1-\eta^2)(1+\zeta),$$

$$N_{15} = \frac{1}{4}(1-\xi^2)(1+\eta)(1+\zeta), \qquad N_{16} = \frac{1}{4}(1-\xi)(1-\eta^2)(1+\zeta),$$

$$N_{17} = \frac{1}{4}(1-\xi)(1-\eta)(1-\zeta^2), \qquad N_{18} = \frac{1}{4}(1+\xi)(1-\eta)(1-\zeta^2),$$

$$N_{19} = \frac{1}{4}(1+\xi)(1+\eta)(1-\zeta^2), \qquad N_{20} = \frac{1}{4}(1-\xi)(1+\eta)(1-\zeta^2)$$

4.2 要素および局部座標系と全体座標系　　159

と表される。なお，節点番号づけは任意であるが，本書では節点番号づけと局部座標系との対応関係は，図4.4のとおりとする。また

$$x(\xi,\eta,\zeta) = \sum_{i=1}^{20} N_i(\xi,\eta,\zeta) \cdot X_i$$

$$y(\xi,\eta,\zeta) = \sum_{i=1}^{20} N_i(\xi,\eta,\zeta) \cdot Y_i$$

$$z(\xi,\eta,\zeta) = \sum_{i=1}^{20} N_i(\xi,\eta,\zeta) \cdot Z_i$$

である。

4.1節に示しているように，形状関数は全体座標系（$x,y,z$座標系）で評価されているので，局部座標系との座標変換を行う必要がある。一般に

$$\frac{\partial N_i}{\partial \xi} = \frac{\partial N_i}{\partial x}\frac{\partial x}{\partial \xi} + \frac{\partial N_i}{\partial y}\frac{\partial y}{\partial \xi} + \frac{\partial N_i}{\partial z}\frac{\partial z}{\partial \xi}$$

$$\frac{\partial N_i}{\partial \eta} = \frac{\partial N_i}{\partial x}\frac{\partial x}{\partial \eta} + \frac{\partial N_i}{\partial y}\frac{\partial y}{\partial \eta} + \frac{\partial N_i}{\partial z}\frac{\partial z}{\partial \eta}$$

$$\frac{\partial N_i}{\partial \zeta} = \frac{\partial N_i}{\partial x}\frac{\partial x}{\partial \zeta} + \frac{\partial N_i}{\partial y}\frac{\partial y}{\partial \zeta} + \frac{\partial N_i}{\partial z}\frac{\partial z}{\partial \zeta}$$

であるから

$$\begin{Bmatrix} \frac{\partial N_i}{\partial \xi} \\ \frac{\partial N_i}{\partial \eta} \\ \frac{\partial N_i}{\partial \zeta} \end{Bmatrix} = \begin{bmatrix} \frac{\partial x}{\partial \xi} & \frac{\partial y}{\partial \xi} & \frac{\partial z}{\partial \xi} \\ \frac{\partial x}{\partial \eta} & \frac{\partial y}{\partial \eta} & \frac{\partial z}{\partial \eta} \\ \frac{\partial x}{\partial \zeta} & \frac{\partial y}{\partial \zeta} & \frac{\partial z}{\partial \zeta} \end{bmatrix} \begin{Bmatrix} \frac{\partial N_i}{\partial x} \\ \frac{\partial N_i}{\partial y} \\ \frac{\partial N_i}{\partial z} \end{Bmatrix} = [J]\begin{Bmatrix} \frac{\partial N_i}{\partial x} \\ \frac{\partial N_i}{\partial y} \\ \frac{\partial N_i}{\partial z} \end{Bmatrix}, \quad \begin{Bmatrix} \frac{\partial N_i}{\partial x} \\ \frac{\partial N_i}{\partial y} \\ \frac{\partial N_i}{\partial z} \end{Bmatrix} = [J]^{-1}\begin{Bmatrix} \frac{\partial N_i}{\partial \xi} \\ \frac{\partial N_i}{\partial \eta} \\ \frac{\partial N_i}{\partial \zeta} \end{Bmatrix}$$

ここで $[J]$ はヤコビアンであり，つぎのように求めることができる。

$$[J] = \begin{bmatrix} \frac{\partial x}{\partial \xi} & \frac{\partial y}{\partial \xi} & \frac{\partial z}{\partial \xi} \\ \frac{\partial x}{\partial \eta} & \frac{\partial y}{\partial \eta} & \frac{\partial z}{\partial \eta} \\ \frac{\partial x}{\partial \zeta} & \frac{\partial y}{\partial \zeta} & \frac{\partial z}{\partial \zeta} \end{bmatrix} = \begin{bmatrix} \sum_{i=1}^{20} \frac{\partial N_i}{\partial \xi}X_i & \sum_{i=1}^{20} \frac{\partial N_i}{\partial \xi}Y_i & \sum_{i=1}^{20} \frac{\partial N_i}{\partial \xi}Z_i \\ \sum_{i=1}^{20} \frac{\partial N_i}{\partial \eta}X_i & \sum_{i=1}^{20} \frac{\partial N_i}{\partial \eta}Y_i & \sum_{i=1}^{20} \frac{\partial N_i}{\partial \eta}Z_i \\ \sum_{i=1}^{20} \frac{\partial N_i}{\partial \zeta}X_i & \sum_{i=1}^{20} \frac{\partial N_i}{\partial \zeta}Y_i & \sum_{i=1}^{20} \frac{\partial N_i}{\partial \zeta}Z_i \end{bmatrix}$$

$$[J]^{-1} = \begin{bmatrix} \dfrac{\partial \xi}{\partial x} & \dfrac{\partial \eta}{\partial x} & \dfrac{\partial \zeta}{\partial x} \\ \dfrac{\partial \xi}{\partial y} & \dfrac{\partial \eta}{\partial y} & \dfrac{\partial \zeta}{\partial y} \\ \dfrac{\partial \xi}{\partial z} & \dfrac{\partial \eta}{\partial z} & \dfrac{\partial \zeta}{\partial z} \end{bmatrix}$$

$$= \frac{1}{\det[J]} \begin{bmatrix} \dfrac{\partial y}{\partial \eta}\dfrac{\partial z}{\partial \zeta} - \dfrac{\partial y}{\partial \zeta}\dfrac{\partial z}{\partial \eta} & \dfrac{\partial y}{\partial \zeta}\dfrac{\partial z}{\partial \xi} - \dfrac{\partial y}{\partial \xi}\dfrac{\partial z}{\partial \zeta} & \dfrac{\partial y}{\partial \xi}\dfrac{\partial z}{\partial \eta} - \dfrac{\partial y}{\partial \eta}\dfrac{\partial z}{\partial \xi} \\ \dfrac{\partial z}{\partial \eta}\dfrac{\partial x}{\partial \zeta} - \dfrac{\partial z}{\partial \zeta}\dfrac{\partial x}{\partial \eta} & \dfrac{\partial z}{\partial \zeta}\dfrac{\partial x}{\partial \xi} - \dfrac{\partial z}{\partial \xi}\dfrac{\partial x}{\partial \zeta} & \dfrac{\partial z}{\partial \xi}\dfrac{\partial x}{\partial \eta} - \dfrac{\partial z}{\partial \eta}\dfrac{\partial x}{\partial \xi} \\ \dfrac{\partial x}{\partial \eta}\dfrac{\partial y}{\partial \zeta} - \dfrac{\partial x}{\partial \zeta}\dfrac{\partial y}{\partial \eta} & \dfrac{\partial x}{\partial \zeta}\dfrac{\partial y}{\partial \xi} - \dfrac{\partial x}{\partial \xi}\dfrac{\partial y}{\partial \zeta} & \dfrac{\partial x}{\partial \xi}\dfrac{\partial y}{\partial \eta} - \dfrac{\partial x}{\partial \eta}\dfrac{\partial y}{\partial \xi} \end{bmatrix}$$

$$= \begin{bmatrix} \overline{J}_{11} & \overline{J}_{12} & \overline{J}_{13} \\ \overline{J}_{21} & \overline{J}_{22} & \overline{J}_{23} \\ \overline{J}_{31} & \overline{J}_{32} & \overline{J}_{33} \end{bmatrix}$$

$$\det[J] = \frac{\partial x}{\partial \xi}\frac{\partial y}{\partial \eta}\frac{\partial z}{\partial \zeta} + \frac{\partial y}{\partial \xi}\frac{\partial z}{\partial \eta}\frac{\partial x}{\partial \zeta} + \frac{\partial z}{\partial \xi}\frac{\partial x}{\partial \eta}\frac{\partial y}{\partial \zeta}$$
$$- \frac{\partial x}{\partial \xi}\frac{\partial z}{\partial \eta}\frac{\partial y}{\partial \zeta} - \frac{\partial y}{\partial \xi}\frac{\partial x}{\partial \eta}\frac{\partial z}{\partial \zeta} - \frac{\partial z}{\partial \xi}\frac{\partial y}{\partial \eta}\frac{\partial x}{\partial \zeta}$$

また

$$dxdydz = \det[J]\,d\xi d\eta d\zeta$$

である。

## 4.3 数 値 積 分

　有限要素法では，$ax=b$という連立方程式を$x$について解くことになるから，当然のことながら，係数$a$に相当する剛性マトリックスおよび係数$b$に相当する負荷ベクトルを定めておかなければならない。4.2 節に示した剛性マトリックスや負荷ベクトルを見ると，これらには積分が含まれており，数値積分しなければならないことがわかる。
　4.2 節において，全体座標系で評価される形状関数を局部座標系で表現し，座標変換するという，一見回りくどい方法をとっているのは，積分が容易にな

るという理由があるからである。

図4.3の三角形要素における線積分と面積積分は，それぞれつぎの積分公式が利用できる。

$$\int_l L_1^a L_2^b dl = \frac{a!b!}{(a+b+1)!} l$$

$$\int_A L_1^a L_2^b L_3^c dA = \frac{a!b!c!}{(a+b+c+2)!} 2A$$

ここで，$l$ は要素の辺の長さ，$A$ は要素の面積である。使い方は，例えば

$$\int_A N_1 N_2 dA = \int_A L_1^1 L_2^1 L_3^0 dA = \frac{1!1!0!}{(1+1+0+2)!} 2A = \frac{A}{12}$$

である。

積分の数値計算方法として，台形公式やシンプソン公式というニュートン・コーツの求積法が知られているが，同じ精度を得るのに，ニュートン・コーツ法より積分点の数が少なくてすむものがある。それがガウス・ルジャンドル求積法である。

図4.2の四角形要素と図4.4の六面体要素では，形状関数が無次元化座標系（自然座標系）で表されていることから，要素剛性マトリックスや要素負荷ベクトルにおける線積分，面積積分，体積積分には，ガウス・ルジャンドル求積法を用いることができる。

ある関数 $F(x, y, z)$ が

$$\int_{x_a}^{x_b} \int_{y_a}^{y_b} \int_{z_a}^{z_b} F(x, y, z) dx dy dz = \int_{-1}^{+1} \int_{-1}^{+1} \int_{-1}^{+1} \overline{F}(\xi, \eta, \zeta) d\xi d\eta d\zeta$$

と無次元化座標系で表されていれば，積分はガウス・ルジャンドル求積法を用いて，つぎのように積分点における関数値に重みを乗じたものの和として算出することができる。

$$\int_{-1}^{+1} \int_{-1}^{+1} \int_{-1}^{+1} \overline{F}(\xi, \eta, \zeta) d\xi d\eta d\zeta = \sum_{I=1}^{igaus} \sum_{J=1}^{jgaus} \sum_{K=1}^{kgaus} W_I W_J W_K \overline{F}(\xi_I, \eta_J, \zeta_K)$$

ここで，$igaus, jgaus, kgaus$ は積分点の総数，$W_I, W_J, W_K$ は $I$ 番目，$J$ 番目，$K$ 番目の重み係数，$\xi_I, \eta_J, \zeta_K$ は $I$ 番目，$J$ 番目，$K$ 番目の積分点における座標

値である．同様に，面積積分，線積分についても

$$\int_{x_a}^{x_b}\int_{y_a}^{y_b} F(x,y)dxdy$$
$$=\int_{-1}^{+1}\int_{-1}^{+1}\overline{F}(\xi,\eta)d\xi d\eta = \sum_{I=1}^{igaus}\sum_{J=1}^{jgaus} W_I W_J \overline{F}(\xi_I,\eta_J)$$

$$\int_{x_a}^{x_b} F(x)dx = \int_{-1}^{+1}\overline{F}(\xi)d\xi = \sum_{I=1}^{igaus} W_I \overline{F}(\xi_I)$$

と求めることができる．

**図4.6**に，この積分法の一例を示す．簡単のため被積分関数を1次関数としたので，正解は2である．これを積分点の総数（次数）$igaus$を2として計算してみると

$$\int_{-1}^{+1} f(\xi)d\xi = W_1 f(\xi_1) + W_2 f(\xi_2)$$
$$= 1.0 \times f(-0.577\,350) + 1.0 \times f(0.577\,350)$$
$$= 0.422\,65 + 1.577\,35 = 2.000\,15$$

となり，非常に精度の高い近似解が得られることがわかる．

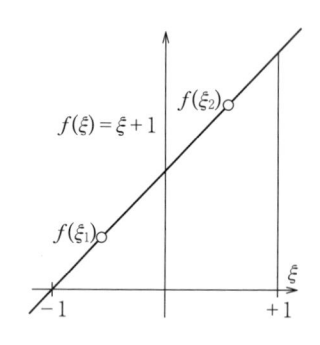

**図4.6** ガウス・ルジャンドル求積法の例

一般に積分点の総数は，$\overline{F}(\xi,\eta,\zeta)$に生ずる多項式の最高次数が，$2\times igaus-1$，$2\times jgaus-1$または$2\times kgaus-1$に等しくなるように決める．本書に添付のCD-ROMには，次数2から16までの重み係数と積分点の数値が収録してあるので，必要に応じて利用していただきたい．

## 4.4 プログラムの構成

　本書のプログラムは，基本的に，主プログラム，サブルーチン副プログラム，関数副プログラムから構成されている．連立方程式の求解については，数値計算ライブラリを利用していないプログラムと利用しているプログラムがある．

　**図 4.7** は動圧軸受の場合のプログラム構成で，圧縮性流体，非圧縮性流体とも同一の構成である．以下に，それぞれの役割を説明する．

・main
　プログラム全体をコントロールする．

　圧縮性流体の場合はすべての軸受について，圧縮性流体であるために圧力に関する繰返し計算が必要となることから，初期値として presold に ambipres（周囲圧力）および dgivval（既知節点圧力値）を与え，圧力の 2 乗について解いた結果の平方を presnew とし，すべての節点について

$$\frac{|presnew - presold|}{presold}$$

を求め，許容値 tolerP と比較している．許容値に収まっていない場合は

$$presold + \frac{presnew - presold}{2}$$

を新たな presold として，最初から計算し直す．

　非圧縮性流体・矩形・動圧スラスト軸受（HD-RECT）では，必要なサブルーチンを順次呼び出している．

・dinput
　dat1.txt からプログラム制御データや物性値などを読み込み，単位をもつ数値については，SI 単位系へ変換する．

・matrix
　dat2.txt から要素データを一組ずつ読み込み，clearance に定義されている軸

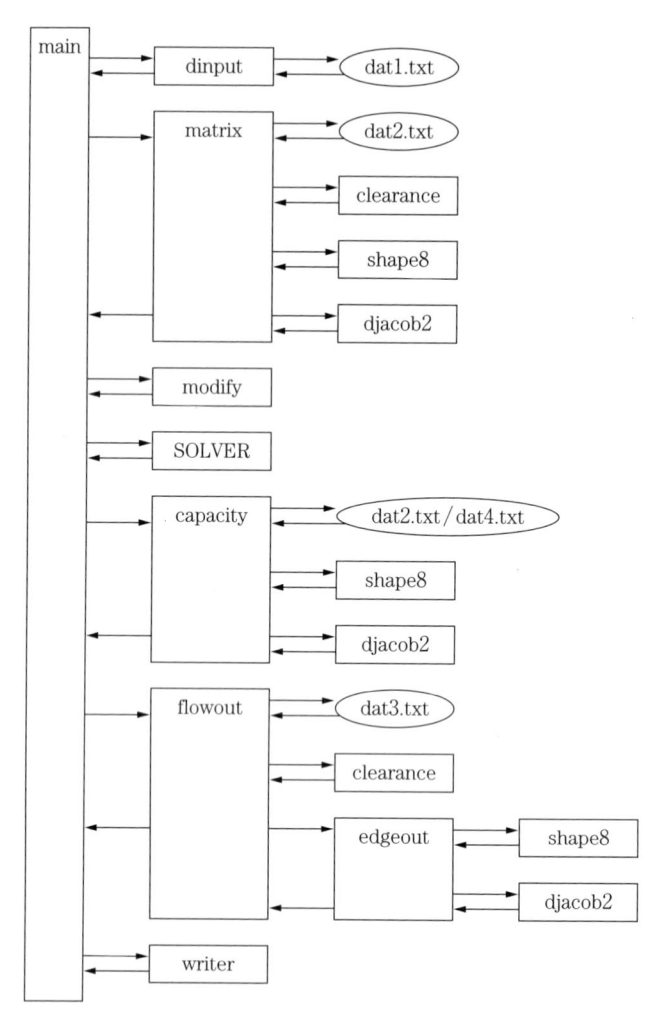

**図 4.7** 動圧軸受のプログラム構成

受すきまを求めて SI 単位系に変換し，要素剛性マトリックスと要素負荷ベクトルを作成する。そして，全体剛性マトリックスおよび全体負荷ベクトルに組み込む。なお，対称バンドマトリックスである全体剛性マトリックスおよび全体負荷ベクトルの配列への格納形式は，SOLVER が求める形式になっている。

## 4.4 プログラムの構成

・shape8

8個の節点をもつ四角形要素の形状関数とその微分であり，$x, y$ が 4.2 節で説明した局部座標系の $\xi, \eta$ を表している．

・djacob2

ヤコビアンマトリックスの行列式と逆ヤコビアンマトリックスを求める．detjb が det$[J]$ を表し，djcbi(1, 1)，djcbi(1, 2)，djcbi(2, 1)，djcbi(2, 2) が $\overline{J}_{11}$，$\overline{J}_{12}, \overline{J}_{21}, \overline{J}_{22}$ を表している．

・modify

SOLVER が求める形式で格納されている連立方程式の係数について，既知節点値を用いて連立方程式を修正する．

・SOLVER

連立方程式の解を求める．

・capacity

dat2.txt または dat4.txt から要素データを一組ずつ読み込み，その要素の面積を算出して，これとその要素の平均圧力の積として，要素当りの軸受負荷容量を求める．そして，すべての要素について和をとることにより，軸受全体の負荷容量を求める．

・flowout

dat3.txt から要素データを一組ずつ読み込み，その要素に指定された辺を横切る質量流量を edgeout に定義された関数を用いて算出する．

・writer

節点圧力値，軸受負荷容量，流量などの最終結果を指定されたファイルに出力する．

図 4.8 に示す静圧軸受の場合もほぼ同じプログラム構成であるので，動圧軸受とは異なる部分のみ説明する．

・main

プログラム全体をコントロールする．

対向式の静圧スラスト軸受（GS-RECT，GS-ANNULAR，GS-CIRCULAR，

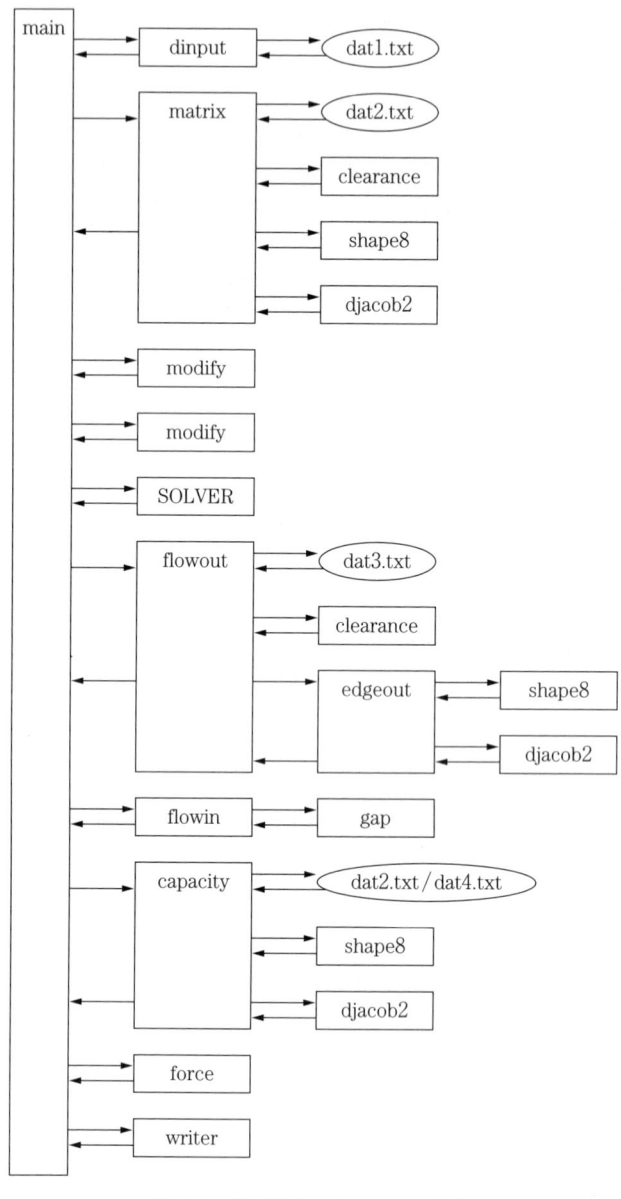

**図 4.8** 静圧軸受のプログラム構成

GS-SURFACE, HS-RECT) の場合には，片側ずつ計算するために，プログラム全体を iside = 1 と iside = 2 の 2 回実行している．圧縮性流体の自成絞りおよびオリフィス絞りの軸受 (GAS-SAT, GS-RECT, GS-ANNULAR, GS-CIRCULAR) では，圧力に関する繰返し計算に加えて，流入流量と流出流量の釣合いのために，すべての絞りについて，絞り出口圧力の上限 phigh を供給圧力，下限 plow を周囲圧力と定め，絞り出口圧力 pvalue をこの間の値と仮定して求めた流入流量 qin と流出流量 qout から

$$\frac{|qout - qin|}{qin}$$

を求め，許容値 tolerQ と比較している．許容値に収まっていない場合は

$$qin - qout > 0$$

ならば

$$phigh \leftarrow phigh, \quad plow \leftarrow pvalue$$

とおいて，また

$$qin - qout < 0$$

ならば

$$phigh \leftarrow pvalue, \quad plow \leftarrow plow$$

とおいて

$$\frac{phigh + plow}{2}$$

を新たな pvalue として，最初から計算し直す．

非圧縮性のオリフィス絞りおよびキャピラリ絞りの軸受 (HYDRO-STAT, HS-RECT) の場合も同様である．

・modify

それぞれが，既知節点値を用いた連立方程式の修正と仮定された節点値を用いた連立方程式の修正を行う．

・flowin

流体の供給孔 (絞り) から軸受すきまへ流入する質量流量を算出する．圧縮

性流体の場合には，絞り出口位置に相当する節点上の軸受すきまを定義している gap も用いる。

・force

荷重と軸受負荷容量との釣合いの判定を行い，釣り合っていない場合は，偏心比や偏心角を仮定し直す。

多孔質絞り軸受の場合のプログラム構成を**図 4.9** に示す。このプログラムは，多孔質体に関する計算と軸受すきまに関する計算に大別される。以下に，多孔質体に関する flowin までの部分を説明する。

・main

プログラム全体をコントロールする。

サブルーチンを呼ぶこと以外にメインプログラムで行っていることは，対向式のスラスト軸受に対応していることから，片側ずつ計算するために，プログラム全体を iside＝1 と iside＝2 の 2 回実行している。多孔質体にかかわる計算においてマトリックスの修正 modify を二つに分けているのは，一つ目は多孔質体の節点のうち，潤滑膜と接する面上の節点を除く節点について，規定された圧力値がある場合の処理であり，二つ目は潤滑膜と接する多孔質体表面上の節点についての処理である。前者は，dgivval に値が収められているが，流体が供給される側の多孔質体表面全体あるいは一部に一様な供給圧力というのが一般であろう。後者は，presif に値が収められているが，レイノルズ方程式から得られる潤滑膜圧力というのが一般であろう。計算のスタート時には，prersif には ambipres（大気圧）が収められている。潤滑膜における圧力に関する繰返し計算は，すでに説明したとおりである。

・dinput

dat1.txt からプログラム制御データや物性値などを読み込み，単位をもつ数値については，SI 単位系へ変換する。

・specnode1

多孔質体について，dat3-1.txt から圧力が規定されている節点番号と圧力値を読み込む。これは一つ目の modify で処理される。

4.4 プログラムの構成　*169*

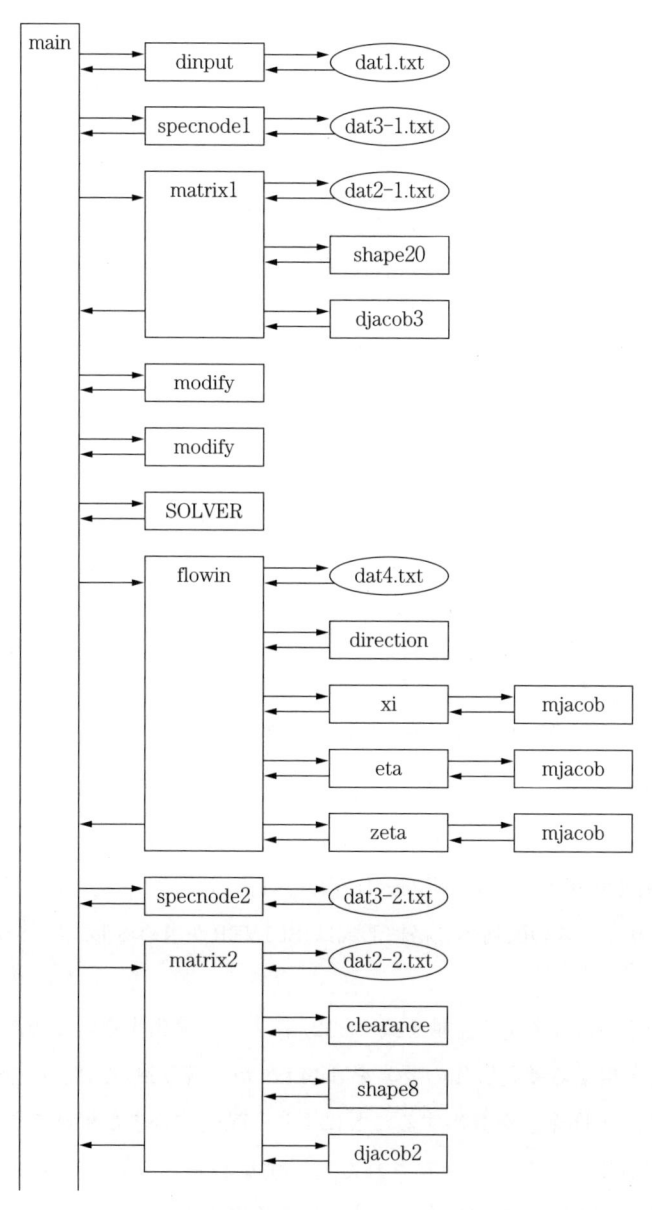

図 4.9　多孔質絞り軸受のプログラム構成

170    4. プログラミングの要点とプログラムの検証

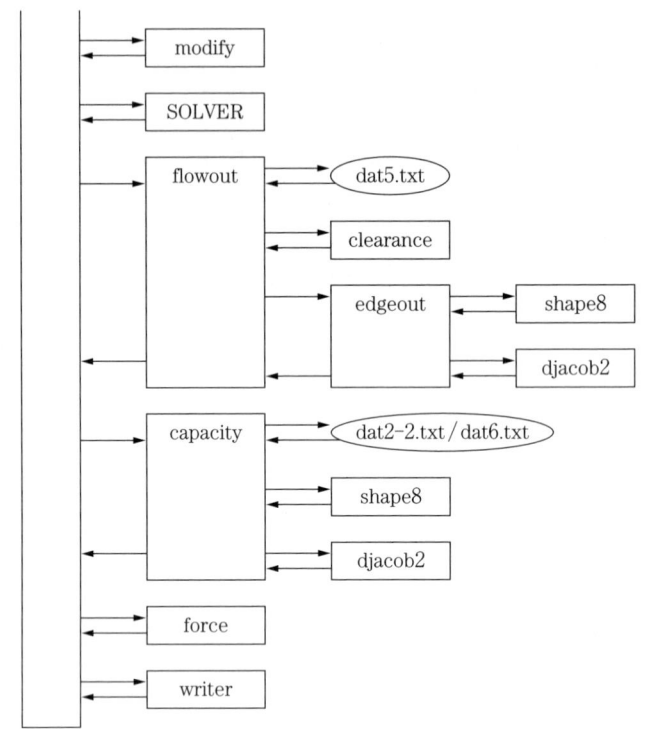

図4.9 多孔質絞り軸受のプログラム構成（つづき）

・matrix1

　dat2-1.txt から要素データを一組ずつ読み込み，要素剛性マトリックスを作成して，全体剛性マトリックスに組み込む。なお，対称バンドマトリックスである全体剛性マトリックスの配列への格納形式は，SOLVER が求める形式になっている。

・flowin

　軸受すきまに流入する流量を式 (4.12) によって算出する。このために，軸受すきまと接する多孔質体の要素を dat4.txt から読み込み，要素データと direction から方向余弦を算出することにより，軸受すきまが平行でない場合も考慮できるようにして，指定された面，すなわち $\xi$ (xi) 面か $\eta$ (eta) 面か $\zeta$ (zeta) 面か（図 3.38 参照）を横切る流量を算出する。

・specnode2 およびこれ以降

dat3-2.txt から潤滑膜（軸受すきま）にかかわる規定節点圧力値を読み込む。これ以降は，軸受すきまに関する計算で，前述のとおりである。

## 4.5 剛性マトリックスと負荷ベクトル

前節までに説明したことから，2次元アイソパラメトリック要素（図4.3）を用いた場合のレイノルズ方程式に関する要素剛性マトリックスはつぎのように表される。

$$
\begin{aligned}
k_{ij}^{(e)} &= \int_{-1}^{+1}\int_{-1}^{+1} \frac{1}{\mu}\left(\sum_{r=1}^{8} N_r H_r\right)^3 \left[\left(\bar{J}_{11}\frac{\partial N_i}{\partial \xi} + \bar{J}_{12}\frac{\partial N_i}{\partial \eta}\right)\left(\bar{J}_{11}\frac{\partial N_j}{\partial \xi} + \bar{J}_{12}\frac{\partial N_j}{\partial \eta}\right)\right. \\
&\quad \left. + \left(\bar{J}_{21}\frac{\partial N_i}{\partial \xi} + \bar{J}_{22}\frac{\partial N_i}{\partial \eta}\right)\left(\bar{J}_{21}\frac{\partial N_j}{\partial \xi} + \bar{J}_{22}\frac{\partial N_j}{\partial \eta}\right)\right] \det[J]d\xi d\eta \\
&= \sum_{I=1}^{igaus}\sum_{J=1}^{jgaus} \frac{1}{\mu}\left(\sum_{r=1}^{8} N_r H_r\right)_U^3 \left[\left(\bar{J}_{11}\frac{\partial N_i}{\partial \xi} + \bar{J}_{12}\frac{\partial N_i}{\partial \eta}\right)\left(\bar{J}_{11}\frac{\partial N_j}{\partial \xi} + \bar{J}_{12}\frac{\partial N_j}{\partial \eta}\right)\right. \\
&\quad \left. + \left(\bar{J}_{21}\frac{\partial N_i}{\partial \xi} + \bar{J}_{22}\frac{\partial N_i}{\partial \eta}\right)\left(\bar{J}_{21}\frac{\partial N_j}{\partial \xi} + \bar{J}_{22}\frac{\partial N_j}{\partial \eta}\right)\right]_U W_I W_J (\det[J])_U
\end{aligned}
$$

すなわち，各積分点についてつぎのような手順で計算を行えば $k_{ij}$ が求められる。

1) 積分点の座標値 $\xi_I, \eta_J$ を用いて $N(\xi, \eta)$ を計算する。
2) 同じく $\partial N/\partial \xi, \partial N/\partial \eta$ を計算する。
3) 節点座標値と2)を用いてヤコビアン $[J]$ を計算する。
4) 3)を用いて $\det[J]$ を計算する。
5) 3)と4)を用いて $[J]^{-1}$ を計算する。
6) 重み係数と4)を用いて $W_I W_J (\det[J])_U$ を計算する。
7) 節点における軸受すきま $H$ と1)を用いて $\left(\sum_{r=1}^{8} N_r H_r\right)^3$ を計算する。
8) 2)と5)を用いて $\partial N/\partial x, \partial N/\partial y$ を計算する。
9) 1)から8)を $I=1, J=1$ から $I=igaus, J=jgaus$ まで繰り返す。

10) そして，総和をとる。

同様に，要素負荷ベクトルについても

$$f_i^{(e)} = 12\int_{-1}^{+1}\int_{-1}^{+1}\left[Up\sum_{r=1}^{8} N_r h_r \left(\overline{J}_{11}\frac{\partial N_i}{\partial \xi} + \overline{J}_{12}\frac{\partial N_i}{\partial \eta}\right)\right.$$

$$\left. + Vp\sum_{r=1}^{8} N_r h_r \left(\overline{J}_{21}\frac{\partial N_i}{\partial \xi} + \overline{J}_{22}\frac{\partial N_i}{\partial \eta}\right)\right]\det[J]d\xi d\eta$$

$$= 12\sum_{I=1}^{igaus}\sum_{J=1}^{jgaus}\left[Up\left(\sum_{r=1}^{8} N_r h_r\right)\left(\overline{J}_{11}\frac{\partial N_i}{\partial \xi} + \overline{J}_{12}\frac{\partial N_i}{\partial \eta}\right)\right.$$

$$\left. + Vp\left(\sum_{r=1}^{8} N_r h_r\right)\left(\overline{J}_{21}\frac{\partial N_i}{\partial \xi} + \overline{J}_{22}\frac{\partial N_i}{\partial \eta}\right)\right]_U W_I W_J (\det[J])_U$$

ただし，$p$ は要素の平均圧力（当該要素の節点圧力値の平均）とする。

2次元シンプレックス要素（図4.4）を用いたレイノルズ方程式に関する要素剛性マトリックスはつぎのように表される。

$$k_{ij}^{(e)} = \begin{bmatrix} \int_R \frac{h^3}{\mu}\left(\frac{\partial N_1}{\partial x}\frac{\partial N_1}{\partial x} + \frac{\partial N_1}{\partial y}\frac{\partial N_1}{\partial y}\right)dxdy & \int_R \frac{h^3}{\mu}\left(\frac{\partial N_1}{\partial x}\frac{\partial N_2}{\partial x} + \frac{\partial N_1}{\partial y}\frac{\partial N_2}{\partial y}\right)dxdy \\ \int_R \frac{h^3}{\mu}\left(\frac{\partial N_2}{\partial x}\frac{\partial N_1}{\partial x} + \frac{\partial N_2}{\partial y}\frac{\partial N_1}{\partial y}\right)dxdy & \int_R \frac{h^3}{\mu}\left(\frac{\partial N_2}{\partial x}\frac{\partial N_2}{\partial x} + \frac{\partial N_2}{\partial y}\frac{\partial N_2}{\partial y}\right)dxdy \\ \int_R \frac{h^3}{\mu}\left(\frac{\partial N_3}{\partial x}\frac{\partial N_1}{\partial x} + \frac{\partial N_3}{\partial y}\frac{\partial N_1}{\partial y}\right)dxdy & \int_R \frac{h^3}{\mu}\left(\frac{\partial N_3}{\partial x}\frac{\partial N_2}{\partial x} + \frac{\partial N_3}{\partial y}\frac{\partial N_2}{\partial y}\right)dxdy \end{bmatrix}$$

$$\begin{matrix} \int_R \frac{h^3}{\mu}\left(\frac{\partial N_1}{\partial x}\frac{\partial N_3}{\partial x} + \frac{\partial N_1}{\partial y}\frac{\partial N_3}{\partial y}\right)dxdy \\ \int_R \frac{h^3}{\mu}\left(\frac{\partial N_2}{\partial x}\frac{\partial N_3}{\partial x} + \frac{\partial N_2}{\partial y}\frac{\partial N_3}{\partial y}\right)dxdy \\ \int_R \frac{h^3}{\mu}\left(\frac{\partial N_3}{\partial x}\frac{\partial N_3}{\partial x} + \frac{\partial N_3}{\partial y}\frac{\partial N_3}{\partial y}\right)dxdy \end{matrix}$$

1次の三角形要素であるから

$$p^2 = [N]\{P^2\} = N_1 P_1^2 + N_2 P_2^2 + N_3 P_3^2$$

$$N_1 = \frac{1}{2A}(a_1 + b_1 x + c_1 y)$$

$$a_1 = X_2 Y_3 - X_3 Y_2, \quad b_1 = Y_2 - Y_3, \quad c_1 = X_3 - X_2$$

$$N_2 = \frac{1}{2A}(a_2 + b_2 x + c_2 y)$$

$$a_2 = X_3Y_1 - X_1Y_3, \quad b_2 = Y_3 - Y_1, \quad c_2 = X_1 - X_3$$

$$N_3 = \frac{1}{2A}(a_3 + b_3 x + c_3 y)$$

$$a_3 = X_1Y_2 - X_2Y_1, \quad b_3 = Y_1 - Y_2, \quad c_3 = X_2 - X_1$$

ただし，A は三角形の面積で

$$2A = \begin{vmatrix} 1 & X_1 & Y_1 \\ 1 & X_2 & Y_2 \\ 1 & X_3 & Y_3 \end{vmatrix}$$

である。

$$\frac{\partial [N]^T}{\partial x} = \begin{Bmatrix} b_1 \\ b_2 \\ b_3 \end{Bmatrix} \frac{1}{2A}, \quad \frac{\partial [N]}{\partial x} = \{b_1 \quad b_2 \quad b_3\} \frac{1}{2A}$$

$$\frac{\partial [N]^T}{\partial y} = \begin{Bmatrix} c_1 \\ c_2 \\ c_3 \end{Bmatrix} \frac{1}{2A}, \quad \frac{\partial [N]}{\partial y} = \{c_1 \quad c_2 \quad c_3\} \frac{1}{2A}$$

を $k_{ij}^{(e)}$ の式に代入して

$$[k^{(e)}] = \frac{1}{4A^2} \frac{1}{\mu} \begin{bmatrix} b_1 & c_1 \\ b_2 & c_2 \\ b_3 & c_3 \end{bmatrix} \begin{bmatrix} b_1 & b_2 & b_3 \\ c_1 & c_2 & c_3 \end{bmatrix} \int_R h^3 dxdy$$

となり，さらに

$$h = [N]\{H\} = N_1 H_1 + N_2 H_2 + N_3 H_3$$

と近似すれば

$$\int_R h^3 dxdy = \int_R (N_1 H_1 + N_2 H_2 + N_3 H_3)^3 dxdy$$

に 4.3 節の積分公式から得られる

$$\int_R N_1^3 dxdy = \frac{3!}{5!} 2A = \frac{2A}{20}, \quad \int_R N_1^2 N_2 dxdy = \frac{2!1!}{5!} 2A = \frac{2A}{60},$$

$$\int_R N_1 N_2 N_3 dxdy = \frac{1!1!1!}{5!} 2A = \frac{2A}{120}$$

などによって

$$\int_R h^3 dxdy = \frac{2A}{20}\left(H_1^3 + H_2^3 + H_3^3\right)$$

$$+ \frac{2A}{20}\left(H_1^2 H_2 + H_1^2 H_3 + H_1 H_2^2 + H_1 H_3^2 + H_2^2 H_3 + H_2 H_3^2\right)$$

$$+ \frac{2A}{20} H_1 H_2 H_3$$

$$= \frac{A}{10} H^*$$

と表されるから，要素剛性マトリックスはつぎのようになる．

$$\left[k^{(e)}\right] = \frac{H^*}{40\mu A}\begin{bmatrix} b_1^2 + c_1^2 & b_1 b_2 + c_1 c_2 & b_3 b_1 + c_3 c_1 \\ b_1 b_2 + c_1 c_2 & b_2^2 + c_2^2 & b_2 b_3 + c_2 c_3 \\ b_3 b_1 + c_3 c_1 & b_3 b_2 + c_3 c_2 & b_3^2 + c_3^2 \end{bmatrix}$$

同様にして，要素負荷ベクトルはつぎのようになる．

$$\left\{f^{(e)}\right\} = \frac{6}{A} p \begin{bmatrix} b_1 & c_1 \\ b_2 & c_2 \\ b_3 & c_3 \end{bmatrix}\begin{Bmatrix} U \\ V \end{Bmatrix}\int_R \left(N_1 H_1 + N_2 H_2 + N_3 H_3\right)dxdy$$

$$= 2p\left(H_1 + H_2 + H_3\right)\begin{Bmatrix} b_1 U + c_1 V \\ b_2 U + c_2 V \\ b_3 U + c_3 V \end{Bmatrix}$$

ただし，$p$ は要素の平均圧力（当該要素の節点圧力値の平均）とする．

　以上の要素剛性マトリックスと要素負荷ベクトルから，重ね合わせの原理を用いて，すべての要素からなる全体剛性マトリックスと全体負荷ベクトルを組み立てることができる．これは機械的に行うことができ，図 4.10 において説明する．

　まず，レイノルズ方程式の場合，要素剛性マトリックスの形から明らかなように，対称マトリックスである．説明を簡単にするために，同じく対称マトリックスであるばね定数 $k$ のばねを例にする．この要素剛性マトリックスは

$$\left[k_{ij}\right] = \begin{bmatrix} k_{11} & k_{12} \\ k_{21} & k_{22} \end{bmatrix} = \begin{bmatrix} k & -k \\ -k & k \end{bmatrix}$$

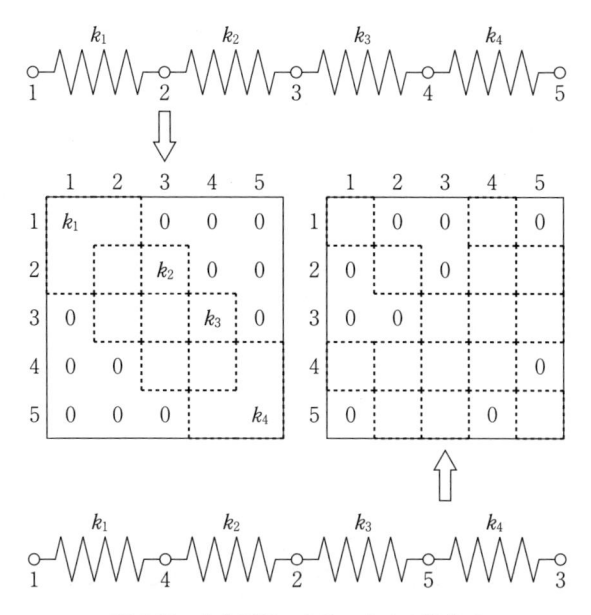

**図4.10** 全体剛性マトリックスの組立て

であり，4個のばねが直列につながれた図4.10では，要素総数4で節点総数5である。したがって全体剛性マトリックス $K_{IJ}$ の大きさは，自由度が1であるから，$I=5$, $J=5$ となる。そこで5×5の入れ物を用意し，ここに一つ一つのばねのばね定数を入れる。入れる位置は対応する番号のところ，すなわち $i \to I$, $j \to J$ である。図の上のばねにおいて，例えば2番目の要素（ばね）は $i=2,3$ で $j=2,3$ であるから $I=2,3$ と $J=2,3$ の場所に足し込む。このとき，節点番号が順番に付けられているため，対角項のまわりに値が集中することがわかる。図の下のばねのように節点番号が飛んでいると，例えば1番目の要素（ばね）は $i=1,4$ で $j=1,4$ であるから $I=1,4$ と $J=1,4$ の場所に足し込むことになり，ちらばりが大きくなる。ただし，どちらの場合も要素剛性マトリックスが対称であれば，全体剛性マトリックスも対称マトリックスとなる。

一般に，全体剛性マトリックスは節点数によって大きなサイズとなるが，**図4.11**のようなバンドマトリックスと呼ばれる形になる。対称マトリックスであれば上バンド幅と下バンド幅は等しい。本書では，対角項を含む幅をバンド

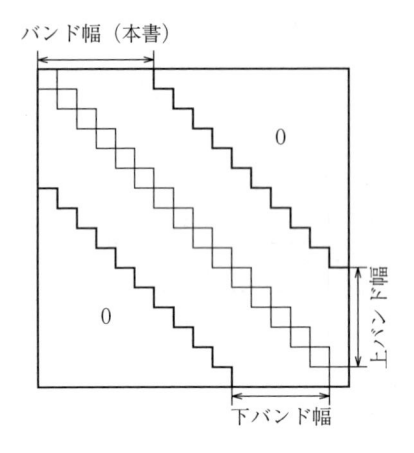

図4.11 バンドマトリックス

幅と呼んでいる。その大きさは，すべての要素を考慮したときの

　　　　(一要素内の節点番号間の最大差＋1)×節点での未知数(自由度)

であり，圧力，温度などは節点の未知数が1（自由度1）である。

有限要素法では多元の連立方程式

　　　　$[A]\{x\}=\{B\}$

を解くことになるから，その方程式の係数を格納する場所が必要であるが，格納するサイズは(節点総数)×(節点総数)である必要はない。なぜなら，バンド幅の中に0の成分があることもあるが，バンド幅の外は必ず0であるから，この外の部分を格納する必要がないからである。さらに対称マトリックスであれば，対角項を含む上半分または下半分のみを格納すればよい。したがって，格納サイズは

　　　　(バンド幅)×(節点総数)

となる。バンド幅を小さくできれば大幅なメモリ節約となる。この意味で，バンド幅の大きさを左右する節点番号づけは重要である。

さて，(バンド幅)×(節点総数)の数の係数をどのような形で格納するか，すなわちどのような配列にするかを決めなければならないが，これは連立方程式を解くソルバにも依存する。3章で紹介したような数値計算ライブラリを利用するのであれば，そのライブラリが要求する配列で格納する必要がある。本書

の数値計算ライブラリを利用していない PROG-1 では**図 4.12**（b）の 2 次元配列，数値計算ライブラリを利用している PROG-2 では図（c）の 2 次元配列に格納している。nband をバンド幅とすると，$A$ と $A'$ との関係は

$$A(i,j) = A'(j-i+nband, i) \qquad (i \geq j)$$

$A$ と $A''$ との関係は

$$A(i,j) = A''(i-j+1, j) \qquad (i \geq j)$$

となる。

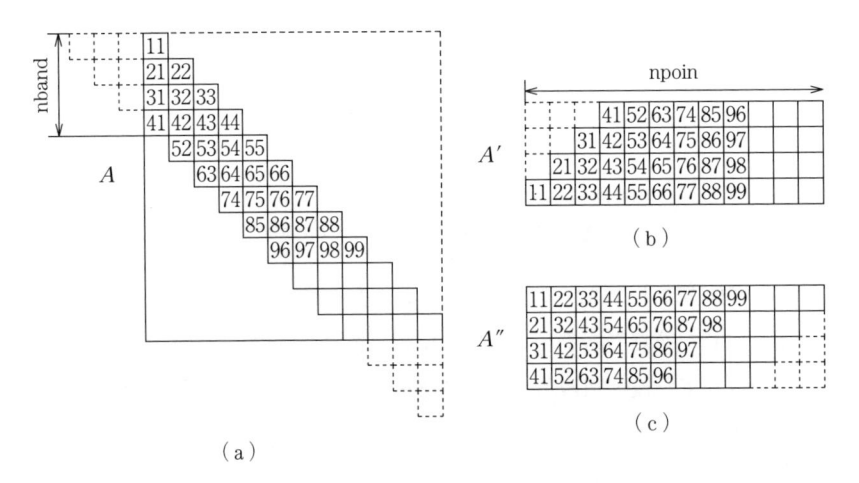

**図 4.12** 対称バンドマトリックスの格納形式

　ジャーナル軸受の場合の全体剛性マトリックスと全体負荷ベクトルを組み立てる際には，つぎのような考慮が必要である。すなわち，図 3.13 に示すように，ジャーナル軸受面，すなわち円筒面を平面に展開するために切り離すと，実際には境界ではない切り口が存在することになる。一方の切り口上にある節点 $i$ ともう一方の切り口上にある節点 $i+n$ は，座標値は異なるが同一の節点であることを考慮しなければならない。

　これには二つの方法が考えられる。一つは，一方の切り口上にある節点から順に節点番号を付け始め，一方の切り口上にある節点で付け終わるようにする。**図 4.13** に 4 節点四角形要素を用いた例を示す。すなわち，節点 5 と節点

178    4. プログラミングの要点とプログラムの検証

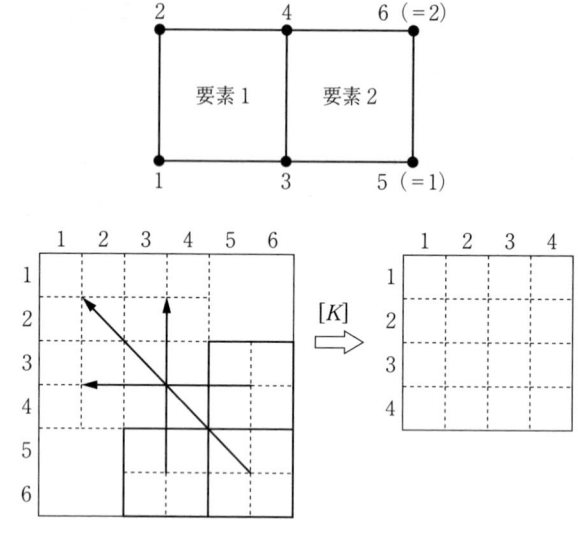

```
2        4        6 (=2)
●────────●────────●
│        │        │
│  要素1 │  要素2 │
│        │        │
●────────●────────●
1        3        5 (=1)
```

図4.13  全体剛性マトリックスの変形

6がそれぞれ節点1と節点2と同一の節点であるにもかかわらず，切り離したがゆえに生じた節点である。このような節点番号づけの下で全体剛性マトリックスを組み立てた後，図に示すように該当する要素を移動して重ね合わせ，大きさを縮小すればよい。全体負荷ベクトルについても同様である。しかしながら，この方法は，特に節点番号づけが任意の場合には，アルゴリズムが複雑になる。

　もう一つは，同一の節点に関して，座標値は異なるが，節点番号は同じとして全体剛性マトリックスと全体負荷ベクトルを組み立てるものである。これは要素データの中で当該の節点番号のみを変更するだけであるから，容易である。このような理由で，本書のプログラムでは，プログラミングが容易なこの方法を採用している。ただし，すべての要素データを一括して読み込んでしまうと，そのままでは複数存在する同一節点同士で座標値が上書きされてしまうので，これは避けなければならない。最も簡単な方法は，本書のプログラムのように，一要素データごとに処理することである。

## 4.6 境界条件とその処理

組み立てられた全体剛性マトリックスおよび全体負荷ベクトルは，値が既知または仮定された節点に関して，修正しなければならない。修正にあたっては，既知または仮定された節点を除いて連立方程式の元数を下げるのは煩雑であるから，元数を変えずに既知または仮定された値が解として求められるようにする。

例を以下に示す。

$[A]\{x\} = \{B\}$

$$[A] = \begin{bmatrix} a_{11} & a_{12} & a_{13} & a_{14} & 0 & 0 & 0 & 0 \\ a_{21} & a_{22} & a_{23} & a_{24} & a_{25} & 0 & 0 & 0 \\ a_{31} & a_{32} & a_{33} & a_{34} & a_{35} & a_{36} & 0 & 0 \\ a_{41} & a_{42} & a_{43} & a_{44} & a_{45} & a_{46} & a_{47} & 0 \\ 0 & a_{52} & a_{53} & a_{54} & a_{55} & a_{56} & a_{57} & a_{58} \\ 0 & 0 & a_{63} & a_{64} & a_{65} & a_{66} & a_{67} & a_{68} \\ 0 & 0 & 0 & a_{74} & a_{75} & a_{76} & a_{77} & a_{78} \\ 0 & 0 & 0 & 0 & a_{85} & a_{86} & a_{87} & a_{88} \end{bmatrix}, \quad \{B\} = \begin{Bmatrix} b_1 \\ b_2 \\ b_3 \\ b_4 \\ b_5 \\ b_6 \\ b_7 \\ b_8 \end{Bmatrix}$$

において，$x_2 = X_2$, $x_6 = X_6$ と既知であれば

$$[A] = \begin{bmatrix} a_{11} & 0 & a_{13} & a_{14} & 0 & 0 & 0 & 0 \\ 0 & a_{22} & 0 & 0 & 0 & 0 & 0 & 0 \\ a_{31} & 0 & a_{33} & a_{34} & a_{35} & 0 & 0 & 0 \\ a_{41} & 0 & a_{43} & a_{44} & a_{45} & 0 & a_{47} & 0 \\ 0 & 0 & a_{53} & a_{54} & a_{55} & 0 & a_{57} & a_{58} \\ 0 & 0 & 0 & 0 & 0 & a_{66} & 0 & 0 \\ 0 & 0 & 0 & a_{74} & a_{75} & 0 & a_{77} & a_{78} \\ 0 & 0 & 0 & 0 & a_{85} & 0 & a_{87} & a_{88} \end{bmatrix}$$

$$\{B\} = \begin{Bmatrix} b_1 - a_{12}X_2 \\ a_{22}X_2 \\ b_3 - a_{32}X_2 - a_{36}X_6 \\ b_4 - a_{42}X_2 - a_{46}X_6 \\ b_5 - a_{52}X_2 - a_{56}X_6 \\ a_{66}X_6 \\ b_7 - a_{76}X_6 \\ b_8 - a_{86}X_6 \end{Bmatrix}$$

と変形できる．対称性を利用して対角項を含む下半分しかない場合は，$i \geq j$ を満たさない係数の添字を入れ換えてつぎのようになる．

$$\{B\} = \begin{Bmatrix} b_1 - a_{21}X_2 \\ a_{22}X_2 \\ b_3 - a_{32}X_2 - a_{63}X_6 \\ b_4 - a_{42}X_2 - a_{64}X_6 \\ b_5 - a_{52}X_2 - a_{65}X_6 \\ a_{66}X_6 \\ b_7 - a_{76}X_6 \\ b_8 - a_{86}X_6 \end{Bmatrix}$$

この場合，図 4.12 のようにバンド格納形式で $A$ マトリックスが格納されているから，例えば A′ は

$$[A'] = \begin{bmatrix} \times & \times & \times & a_{41} & 0 & 0 & a_{74} & a_{85} \\ \times & \times & a_{31} & 0 & a_{53} & 0 & a_{75} & 0 \\ \times & 0 & 0 & a_{43} & a_{54} & 0 & 0 & a_{87} \\ a_{11} & a_{22} & a_{33} & a_{44} & a_{55} & a_{66} & a_{77} & a_{88} \end{bmatrix}$$

となる．本書のプログラムでは，図 4.12 に示した 2 種類の格納形式を用いており，それぞれサブルーチン副プログラム modify で以上の処理を行っている．プログラミングで注意しなければならないのは，値が既知または仮定された節点に対応する全体剛性マトリックスの成分を順を追って探し出すとき，図 4.12 (a) から予想できるように，節点総数 npoin とバンド幅 nband との関係

により，探し始めの位置と終わりの位置が異なることに注意しなければならない。サブルーチン副プログラム modify の内容を見ていただければ理解できると思うが，いま $k$ を値が既知または仮定された節点番号とすると，マトリックス $A$ において

 $2 \times nband < npoin$ の場合

  $k \leq nband$       ならば  $i = 1, k + nband - 1$

  $nband < k < npoin - nband$  ならば  $i = k - nband + 1, k + nband - 1$

  $k \geq npoin - nband$     ならば  $i = k - nband + 1, npoin$

 $2 \times nband = npoin$ の場合

  $k \leq nband$       ならば  $i = 1, k + nband - 1$

  $k > nband$       ならば  $i = k - nband + 1, npoin$

 $2 \times nband > npoin$ の場合

  $k \leq npoin - nband$    ならば  $i = 1, k + nband - 1$

  $npoin - nband < k \leq nband$  ならば  $i = 1, npoin$

  $k > nband$       ならば  $i = k - nband + 1, npoin$

という範囲になる。そして，A と A' との関係

$$A(i, j) = A'(j - i + nband, i) \quad (i \geq j)$$

または A と A″ との関係

$$A(i, j) = A''(i - j + 1, j) \quad (i \geq j)$$

を考慮して，A' または A″ を修正する。

## 4.7 流量の算出

圧力分布が求められると，任意の要素の辺を横切る質量流量は，$x, y$ 方向の単位幅当りの質量流量を線積分して，その辺の方向を方向余弦 $\ell_x = \cos \alpha$, $\ell_y = \cos \beta$ によって考慮することにより，質量流量を算出することができる。

8節点四角形要素では

$$Q_F = \int_C \left[ \left( -\frac{([N]\{H\})^3}{24\mu} \frac{\rho_a}{p_a} \frac{\partial [N]}{\partial x} \{P^2\} + \frac{Up}{2} \frac{\rho_a}{P_a} [N]\{H\} \right) \ell_x \right] ds$$

$$+ \int_C \left[ \left( -\frac{([N]\{H\})^3}{24\mu} \frac{\rho_a}{p_a} \frac{\partial [N]}{\partial y} \{P^2\} + \frac{Vp}{2} \frac{\rho_a}{P_a} [N]\{H\} \right) \ell_y \right] ds$$

ただし，図 3.14 に示すように，四角形要素には境界となる辺が四つ，すなわち $\xi$ が一定の境界 S1 と S3，$\eta$ が一定の S2 と S4 があるから，線積分はそれぞれ

$$S1(\xi = -1): \int_C ds = \int_{-1}^{+1} \det[J] d\eta = \int_{-1}^{+1} \frac{L_{71}}{2} d\eta$$

$$S2(\eta = -1): \int_C ds = \int_{-1}^{+1} \det[J] d\xi = \int_{-1}^{+1} \frac{L_{13}}{2} d\xi$$

$$S3(\xi = +1): \int_C ds = \int_{-1}^{+1} \det[J] d\eta = \int_{-1}^{+1} \frac{L_{35}}{2} d\eta$$

$$S4(\eta = +1): \int_C ds = \int_{-1}^{+1} \det[J] d\xi = \int_{-1}^{+1} \frac{L_{57}}{2} d\xi$$

であり，$L_{ab}$ は節点 $a, b$ 間の長さである。

例えば，$\xi = -1$ を横切る流量は

$$Q = \int_{-1}^{+1} \left[ \left( -\frac{([N]\{H\})^3}{24\mu} \frac{\rho_a}{p_a} \frac{\partial [N]}{\partial x} \{P^2\} + \frac{Up}{2} \frac{\rho_a}{p_a} [N]\{H\} \right) \ell_x \right] \frac{L_{17}}{2} d\eta$$

$$+ \int_{-1}^{+1} \left[ \left( -\frac{([N]\{H\})^3}{24\mu} \frac{\rho_a}{p_a} \frac{\partial [N]}{\partial x} \{P^2\} + \frac{Vp}{2} \frac{\rho_a}{p_a} [N]\{H\} \right) \ell_y \right] \frac{L_{17}}{2} d\eta$$

$$= \sum_{I=1}^{igaus} \left[ -\frac{1}{24\mu} \frac{\rho_a}{p_a} \left( \sum_{r=1}^{8} N_r H_r \right)_I^3 \left\{ \sum_{r=1}^{8} \left( \bar{J}_{11} \frac{\partial N_r}{\partial \xi} + \bar{J}_{12} \frac{\partial N_r}{\partial \eta} \right) P_r^2 \right\}_I \right.$$

$$\left. + \frac{U}{2} \frac{\rho_a}{p_a} \left( \sum_{r=1}^{8} N_r P_r \right)_I \left( \sum_{r=1}^{8} N_r h_r \right)_I \right] \ell_x \times W_I \frac{L_{71}}{2}$$

$$+ \sum_{I=1}^{igaus} \left[ -\frac{1}{24\mu} \frac{\rho_a}{p_a} \left( \sum_{r=1}^{8} N_r H_r \right)_I^3 \left\{ \sum_{r=1}^{8} \left( \bar{J}_{21} \frac{\partial N_r}{\partial \xi} + \bar{J}_{22} \frac{\partial N_r}{\partial \eta} \right) P_r^2 \right\}_I \right.$$

$$\left. + \frac{V}{2} \frac{\rho_a}{p_a} \left( \sum_{r=1}^{8} N_r P_r \right)_I \left( \sum_{r=1}^{8} N_r H_r \right)_I \right] \ell_y \times W_I \frac{L_{71}}{2}$$

である。

## 4.7 流量の算出

3節点三角形要素では

$$Q = -\frac{1}{24\mu}\frac{\rho_a}{p_a}\frac{1}{2A}\left(P_1^2 b_1 + P_2^2 b_2 + P_3^2 b_3\right)\cos\alpha \times \int_L h^3 dL$$

$$+ \frac{U}{2}\frac{\rho_a}{p_a}\frac{P_1 + P_2 + P_3}{3}\cos\alpha \times \int_L h dL$$

$$- \frac{1}{24\mu}\frac{\rho_a}{p_a}\frac{1}{2A}\left(P_1^2 b_1 + P_2^2 b_2 + P_3^2 b_3\right)\cos\beta \times \int_L h^3 dL$$

$$+ \frac{V}{2}\frac{\rho_a}{p_a}\frac{P_1 + P_2 + P_3}{3}\cos\beta \times \int_L h dL$$

ただし,図3.32に示すように,三角形要素には境界となる辺が三つあるから,線積分はそれぞれ

辺12:
$$\int_L h^3 dL = \int_L \left(N_1 H_1 + N_2 H_2\right)^3 dL$$
$$= \frac{L_{12}}{4}\left(H_1^3 + H_1^2 H_2 + H_1 H_2^2 + H_2^3\right)$$

$$\int_L h dL = \int_L \left(N_1 H_1 + N_2 H_2\right) dL = \frac{L_{12}}{2}\left(H_1 + H_2\right)$$

辺23:
$$\int_L h^3 dL = \int_L \left(N_2 H_2 + N_3 H_3\right)^3 dL$$
$$= \frac{L_{23}}{4}\left(H_2^3 + H_2^2 H_3 + H_2 H_3^2 + H_3^3\right)$$

$$\int_L h dL = \int_L \left(N_2 H_2 + N_3 H_3\right) dL = \frac{L_{23}}{2}\left(H_2 + H_3\right)$$

辺31:
$$\int_L h^3 dL = \int_L \left(N_3 H_3 + N_1 H_1\right)^3 dL$$
$$= \frac{L_{31}}{4}\left(H_3^3 + H_3^2 H_1 + H_3 H_1^2 + H_1^3\right)$$

$$\int_L h dL = \int_L \left(N_3 H_3 + N_1 H_1\right) dL = \frac{L_{31}}{2}\left(H_3 + H_1\right)$$

であり,$L_{ab}$は節点$a, b$間の長さである。

## 4.8 負荷容量と剛性の算出

軸受面要素に垂直な負荷容量は，その要素の節点圧力の平均値がその要素の幾何学的中心に作用すると仮定して

$$\overline{P} = \frac{1}{8}(P_1 + P_2 + P_3 + P_4 + P_5 + P_6 + P_7 + P_8)$$

$$F_n = \overline{P}\int_{x_a}^{x_b}\int_{y_a}^{y_b} dxdy = \overline{P}\int_{1|}^{1(}\int_{1|}^{1(} \det[J] d\xi d\eta$$

$$= \overline{P}\sum_{I=1}^{igaus}\sum_{J=1}^{jgaus} W_I W_J (\det[J])_U = (\text{平均圧力}) \times (\text{要素面積})$$

から算出する。ジャーナル軸受の場合は，この力の作用点の角度 $\theta$ は円周に沿った距離と軸受の半径から求められるから，これから垂直方向および水平方向の負荷容量は

$$F_V = \sum_{i=1}^{nelem}(-F_n \cos\theta)_i, \quad F_H = \sum_{i=1}^{nelem}(-F_n \sin\theta)_i$$

偏心角は

$$\beta = \tan^{-1}\left(\frac{F_H}{F_V}\right)$$

と算出できる。

スラスト軸受におけるモーメントについては，要素の負荷容量と支点（回転軸）からその要素の中心までの長さの積として算出する。

偏心量を変えて負荷容量，傾斜角を変えてのモーメントの算出を行えば，それらの関係から並進剛性や傾き剛性を求めることができる。

## 4.9 軸受すきま

軸受すきまは

剛性マトリックスと負荷ベクトルを作成するサブルーチン　matrix

流出流量を算出するサブルーチン　flowout

そして，圧縮性流体の静圧軸受では

自成絞りからの流入流量を算出するサブルーチン　flowin

で必要となる。

　サブルーチン matrix と flowout では，一要素ごとに要素データ（要素番号，節点番号，節点座標値）を読み込んでいるので，その要素の節点の位置における軸受すきまを算出するためのサブルーチン副プログラム clearance を用意する。この場合，軸受すきまは一定または連続的に変化することが前提となり，その内容は，軸受すきまの形を表す関数を定義し，引数として渡された座標値を用いて，その座標値の軸受すきまを算出することになる。

　ただし，**図 4.14** のように軸受すきまが不連続に変化する場合，図のようにそこが境になるように要素分割すると，境目上にある要素 (1) に属する節点の軸受すきまが $h_1$，境目上にある要素 (2) に属する節点の軸受すきまが $h_2$ となるためには，工夫が必要である。すなわち，着目している要素がどちら側にあるかの判断が必要で，局部座標系が図のように定義されているのであれば，その要素の要素節点番号 1 から要素節点番号 8 までについて，全体座標系における座標値が $h_2$ の領域にあるか否かをチェックすることで判断することができる。その手順は以下のとおりである。

1) 一要素ごとに要素データを読み込む。
2) その要素の要素番号に当てられた節点番号 lnods(1) から lnods(8) の座標値から要素の位置を特定する。

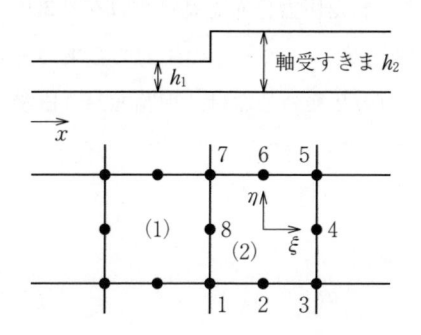

**図 4.14**　ステップ状に変化する軸受すきまと要素

3) lnods(1) から lnods(8) までの軸受すきまを算出する.

このような処理を行うサブルーチン副プログラム clearance を用意しておけば，要素 (1) は $h_1$，要素 (2) は $h_2$ であることがわかり，適切な軸受すきまの値を与えることができる．

以上は矩形の軸受の場合で説明したが，環状形の軸受では，要素データとして $x, y$ 座標値のみならず $r$（半径）座標値も与えれば，サブルーチンのプログラミングが容易になる．

自成絞りからの流入流量を算出するサブルーチン flowin で必要な軸受すきまは，絞りの位置に相当する節点の座標値が与えられれば算出できるので，関数副プログラム gap を用意しておけばよい．

## 4.10 プログラムの検証

### 4.10.1 圧縮性流体軸受

図 4.15 (a) に示す平行平板における理論的な質量流量 $m$ は次式で与えられる．

$$m = \frac{wh^3}{24\mu RTl}(p_1^2 - p_2^2)$$

$l = 100\,\text{mm}$ を 50 分割，$w = 4\,\text{mm}$ を 2 分割にした領域で，$h = 10\,\mu\text{m}$，粘性係数 $\mu = 1.724 \times 10^{-5}\,\text{Pa·s}$，気体定数 $R = 287.03\,\text{J/(kg·K)}$，絶対温度 $T = 273.15\,\text{K}$，$p_1 = 0.4\,\text{MPa}$，$p_2 = 0.1\,\text{MPa}$ として，上式により計算された値は $1.8506 \times 10^{-7}\,\text{kg/s}$ であり，数値解析から得られた圧力分布を基にプログラム内で算出された値は $1.8495 \times 10^{-7}\,\text{kg/s}$ であった．このときの圧力の 2 乗の分布と圧力分布を図 (b), (c) に示す．圧力の 2 乗の分布は，理論どおり直線になっていることがわかる．

種々の軸受数

$$\Lambda = \frac{6\mu UB}{h_2^2 p_a}$$

4.10 プログラムの検証

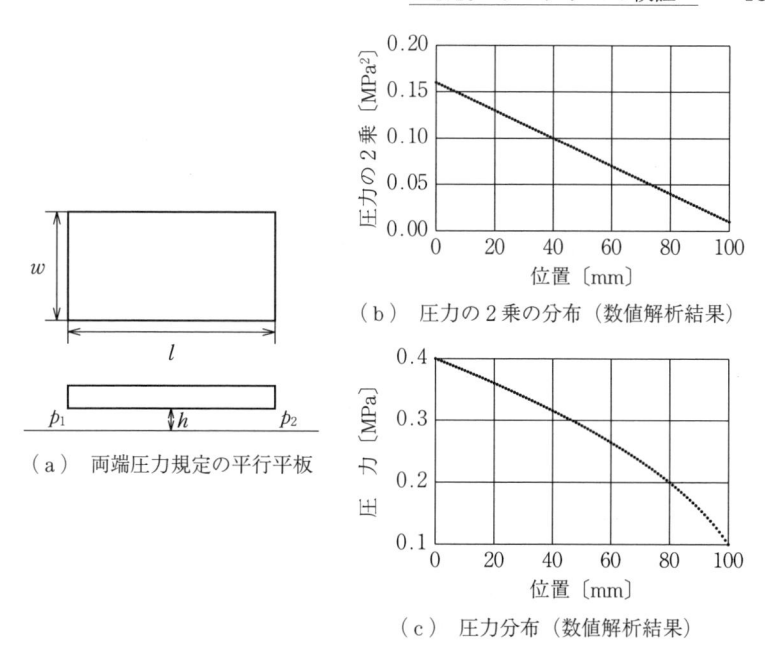

(b) 圧力の2乗の分布（数値解析結果）

(a) 両端圧力規定の平行平板

(c) 圧力分布（数値解析結果）

**図4.15** 両端の圧力が規定された平行平板

をパラメータに，両端の圧力を規定した無限幅平行平板軸受すきま内の圧力分布を本書のプログラムにより求めた結果を**図4.16**に，すきま比 $h_1/h_2=3$ の無限幅くさび形軸受すきま内の圧力分布を本書のプログラムにより求めた結果を**図4.17**に示す。それぞれの理論圧力分布は文献7)に記載されており，図4.17では白丸がこの理論値である。

高 $\Lambda$ の領域では，$p^2$ に関する連立方程式を解くと，ときとして $p^2$ が負となる場合があった。これは，高 $\Lambda$ 領域では圧力勾配が急になり，単に要素分割を細かくしても解決せず，要素の次数を上げる必要があることがわかった。しかしながら，通常の静圧軸受ではこのような高 $\Lambda$ になることは考えられないので，本プログラムで十分と考えられる。

**図4.18**は中心に一つの給気孔をもつ円形スラスト軸受の場合の理論値と計算値との比較である。理論値は次式で与えられ[8]，計算値は理論値とよく一致しているのがわかる。

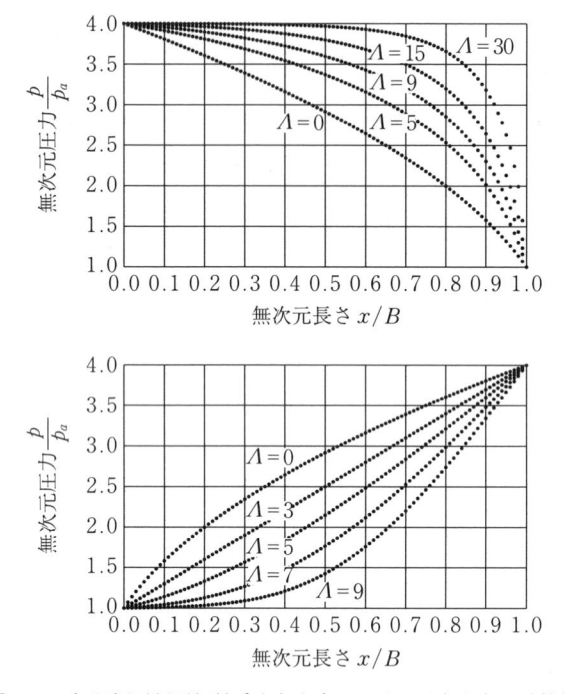

**図 4.16** 無限幅平行平板軸受すきま内における圧力分布の計算値

$$\frac{p}{p_0} = \left[1 - \left\{1 - \left(\frac{p_a}{p_0}\right)^2\right\} \frac{\log\left(\frac{r}{R_0}\right)}{\log\left(\frac{R_1}{R_0}\right)}\right]^{\frac{1}{2}}$$

以上のようにして，本書のプログラムによる計算結果が理論値と一致することを確認した。

計算値と理論値は一致することが確認できたが，計算に用いる物性値などによって，計算値が実際の値とは異なることが考えられる。なぜなら，物性値は温度や圧力の関数であり，計算ではある温度，ある圧力における値を使わざるを得ないからである。しかし，計算による検討の結果，予想される温度変化や圧力変化の範囲では，これらの影響は無視できることがわかった[9]。

**図 4.19** に矩形スラスト軸受の場合の計算値と実測値との比較を示すが，計算値は理論値のみならず実際の値ともよく一致していることがわかる。ただ

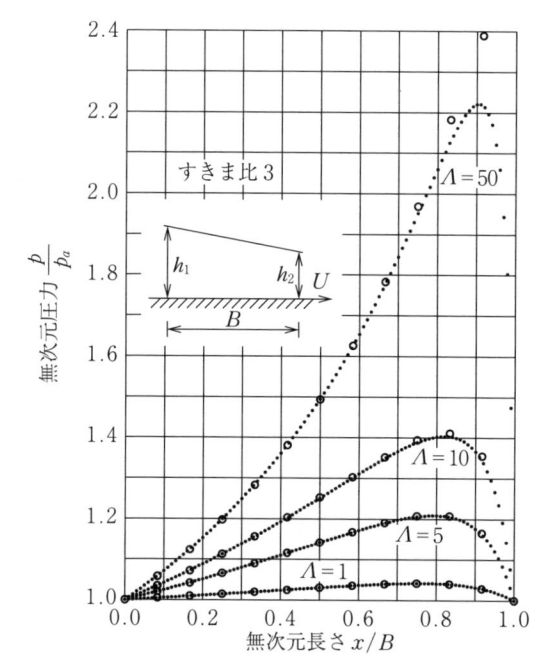

**図 4.17** 無限幅くさび形軸受すきま内における圧力分布の計算値

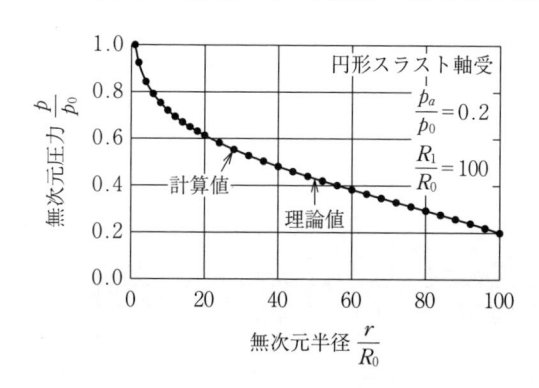

**図 4.18** 圧縮性流体・円形・静圧スラスト軸受の圧力分布

し，図では省略してあるが，給気孔近傍の圧力分布には相違がある．この原因は，実際の給気孔は直径 0.8 mm と有限の大きさをもっているが，計算では給気孔を点とみなしているためである．なお，計算値と実測値が異なる場合，レイノルズ方程式からも予想されるように，その主な原因は，3乗で影響を与える軸受すきまの値が，正確に与えられているか否かである．当然のことではあ

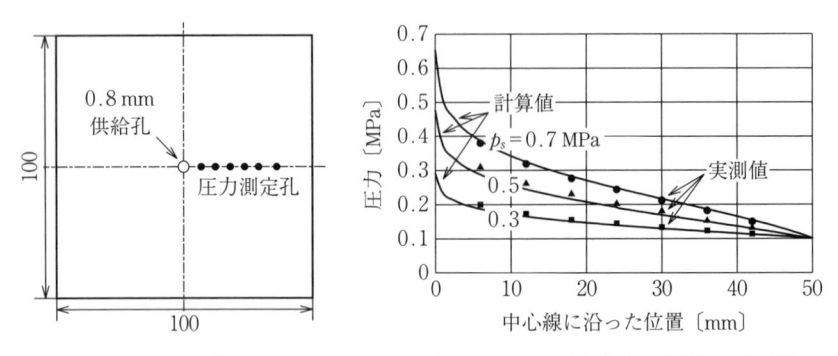

**図 4.19** 圧縮性流体・矩形・静圧スラスト軸受における圧力分布の計算値と実測値

るが，有限要素法の利点として要素ごとにきめ細かくデータを与えることができるから，仮に軸受すきまが一様でなくとも，それに合わせた要素データを作成すればより正確な結果が期待できる。

### 4.10.2 非圧縮性流体軸受

図 4.20 において

$$h = h_0 + \frac{x}{l}(h_1 - h_0) = h_0\left(1 + m'\frac{x}{l}\right)$$

$$m' = \frac{h_1}{h_0} - 1$$

とおいて，軸受幅が無限の場合の非圧縮性レイノルズ方程式を解くと，次式が得られる[10]。

$$p = \frac{6\mu U l}{h_0^2}\frac{1}{m'}\left[\frac{2m'+2}{-2(2+m')\left(1+m'\frac{x}{l}\right)^2} + \frac{1}{\left(1+m'\frac{x}{l}\right)} - \frac{1}{2+m'}\right]$$

**図 4.20** 平面パッド軸受の幾何

$$= \frac{6\mu Ul}{h_0^2} \times k_p$$

$k_p$ を圧力係数と呼ぶことにすれば，任意の $m'$ について，$x/l$ の関数として**図 4.21** のようになる。図中の白丸が上式による計算結果であり，曲線は本書のプログラムによる計算結果である。図から明らかなように，両者はよく一致しており，本書のプログラムは理論どおりの計算がなされていることが確認できる。

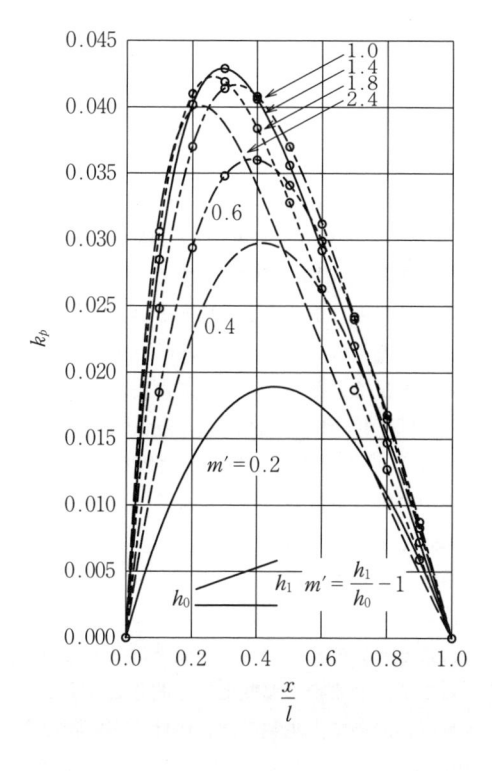

**図4.21** 非圧縮性流体・平面パッド軸受の圧力係数

# 5 軸受設計のさらなる高度化に向けて

　軸受すきまの圧力に関する支配方程式であるレイノルズ方程式からわかるように，軸受すきま内の圧力の大きさとその分布は軸受すきまに大きく依存する。レイノルズ方程式では，軸受すきまを形成する壁の表面は完全な平滑面を前提としているが，実際の表面には粗さが存在する。このため，みかけの軸受すきまが小さくなると相対的に粗さの影響が大きくなり，計算値と合わなくなることがある。筆者の経験からすると，特にカーボン焼結体を用いた多孔質絞り軸受の場合がそのようである。

　また，小さな軸受すきまを流体が流れることから，流体のせん断抵抗，すなわち粘性による発熱の影響も無視できない。この問題は古くから検討されてきており，熱流体潤滑問題（thermohydrodynamic lubrication theory，THD理論）として知られている。ここでは，潤滑膜中の温度は場所によって異なるので潤滑膜中の粘性係数も一定ではなく，発生する圧力は粘性係数の分布によって大きく影響される。

　この問題は，粘性係数の小さな気体を潤滑剤として用いることで影響を小さくできるため，超精密工作機械の軸受として好まれている。しかし，たとえ空気の粘性係数が油のおよそ千分の一といえども発熱はあるため，超精密加工用の機械であるからこそ，わずかな温度上昇も問題となることがある。空気静圧ジャーナル軸受において，主軸の回転に伴う空気膜の摩擦エネルギーをペトロフの式により求めて熱源として，この発熱量が主軸，ブッシュ／ハウジングおよび排出される空気それぞれにどのような割合で分配されるかを解析と実験から明らかにした研究がある[1),2)]。

　さらに，発熱は軸受部とその周辺の熱変形を引き起こし，軸受すきまが変化して軸受特性が変わる。変形の原因は熱だけではなく，軸受すきまに発生する圧力も原因となる。このような問題は，圧力の影響だけを考慮した弾性流体潤滑理論（elastohydrodynamic lubrication theory，EHD理論），これに熱の影響を加えた熱弾性流体潤滑理論（thermoelasthydrodynamic lubrication theory, TEHD 理論）と呼ばれている。

潤滑膜の温度分布を求めるためには，圧力に関するレイノルズ方程式に加えて，潤滑膜のエネルギー方程式を連立させて解かなければならない。エネルギー方程式には圧力に関する項が含まれているからである。本章では，このエネルギー方程式について，その導出と有限要素定式化を説明する[3]。

## 5.1 エネルギー方程式

単位質量当りの流体のもつ全エネルギー $E$ は，単位質量についての内部エネルギー $e$，運動のエネルギー，そして位置のエネルギーの和と考えられる。微小体積 $\delta V$ 内で密度 $\rho$ は一様であるとすれば，ここに含まれる流体のエネルギーが単位時間に増加する割合は

$$\frac{\partial(\rho E)}{\partial t}\delta V$$

この増加量は，エネルギー保存則から

　　　増加量＝単位時間に外から加えられた熱量

　　　　　　＋圧力，粘性力によって単位時間に外からなされた仕事

　　　　　　－単位時間に対流によって出ていくエネルギー

　　　　　　－単位時間に熱伝導によって出ていくエネルギー

に等しいことから，エネルギー方程式が導き出される。

すなわち，単位質量についての内部エネルギーを $e$，内部発熱量を $Q$，温度を $T$，圧力を $p$，$x, y, z$ 方向それぞれの熱伝導係数を $k_x, k_y, k_z$，流速を $u, v, w$，第2粘性係数を $\lambda$（単原子気体の場合は $3\lambda + 2\mu = 0$ で，通常，空気や水の場合もこの関係が成り立つとしている）とすれば，エネルギー方程式は

$$\rho\frac{De}{Dt} = \frac{\partial Q}{\partial t} + \frac{\partial}{\partial x}\left(k_x\frac{\partial T}{\partial x}\right) + \frac{\partial}{\partial y}\left(k_y\frac{\partial T}{\partial y}\right) + \frac{\partial}{\partial z}\left(k_z\frac{\partial T}{\partial z}\right)$$
$$- p\frac{\partial u}{\partial x} - p\frac{\partial v}{\partial y} - p\frac{\partial w}{\partial z} + \phi \qquad (5.1)$$

ただし

$$\frac{D}{Dt} = \frac{\partial}{\partial t} + u\frac{\partial}{\partial x} + v\frac{\partial}{\partial y} + w\frac{\partial}{\partial z}$$

$$\phi = 2\mu\left[\left(\frac{\partial u}{\partial x}\right)^2 + \left(\frac{\partial v}{\partial y}\right)^2 + \left(\frac{\partial w}{\partial z}\right)^2\right.$$

$$+ \frac{1}{2}\left(\frac{\partial u}{\partial y} + \frac{\partial v}{\partial x}\right)^2 + \frac{1}{2}\left(\frac{\partial v}{\partial z} + \frac{\partial w}{\partial y}\right)^2 + \frac{1}{2}\left(\frac{\partial w}{\partial x} + \frac{\partial u}{\partial z}\right)^2\right]$$

$$+ \lambda\left(\frac{\partial u}{\partial x} + \frac{\partial v}{\partial y} + \frac{\partial w}{\partial z}\right)^2$$

と表される。

単位質量当りのエンタルピー $e_n$ は

$$e_n = e + \frac{p}{\rho}$$

そして連続の式

$$\frac{\partial \rho}{\partial t} + \frac{\partial(\rho u)}{\partial x} + \frac{\partial(\rho v)}{\partial y} + \frac{\partial(\rho w)}{\partial z} = 0$$

より

$$\frac{\partial \rho}{\partial t} + u\frac{\partial \rho}{\partial x} + v\frac{\partial \rho}{\partial y} + w\frac{\partial \rho}{\partial z} = -\rho\frac{\partial u}{\partial x} - \rho\frac{\partial v}{\partial y} - \rho\frac{\partial w}{\partial z}$$

であるから,式 (5.1) の左辺は

$$\rho\frac{De}{Dt} = \rho\frac{D}{Dt}\left(e_n - \frac{p}{\rho}\right) = \rho\frac{De_n}{Dt} - \frac{Dp}{Dt} - p\frac{\partial u}{\partial x} - p\frac{\partial v}{\partial y} - p\frac{\partial w}{\partial z}$$

と表される。よって式 (5.1) は,エンタルピーを用いて

$$\rho\frac{De_n}{Dt} = \frac{\partial Q}{\partial t} + \frac{Dp}{Dt} + \frac{\partial}{\partial x}\left(k_x\frac{\partial T}{\partial x}\right) + \frac{\partial}{\partial y}\left(k_y\frac{\partial T}{\partial y}\right) + \frac{\partial}{\partial z}\left(k_z\frac{\partial T}{\partial z}\right) + \phi \quad (5.2)$$

と表現することができる。

さて,理想気体の場合,エンタルピー $e_n$ は定圧比熱 $c_p$ を用いて

$$e_n = c_p T$$

で定義され,$c_p$ は一定であるから,式 (5.2) は

$$\rho c_p \frac{DT}{Dt} = \frac{\partial Q}{\partial t} + \frac{Dp}{Dt} + \frac{\partial}{\partial x}\left(k_x\frac{\partial T}{\partial x}\right) + \frac{\partial}{\partial y}\left(k_y\frac{\partial T}{\partial y}\right) + \frac{\partial}{\partial z}\left(k_z\frac{\partial T}{\partial z}\right) + \phi$$

$$(5.3)$$

と表される。これが理想気体のエネルギー方程式の一般式である。

非圧縮性流体の場合には，密度は一定のため連続の式は

$$\frac{\partial u}{\partial x} + \frac{\partial v}{\partial y} + \frac{\partial w}{\partial z} = 0$$

であるから

$$\frac{Dp}{Dt} = 0$$

となり，また定圧比熱 $c_p$ と定容比熱 $c_v$ も等しく

$$\rho c_v \frac{DT}{Dt} = \frac{\partial Q}{\partial t} + \frac{\partial}{\partial x}\left(k_x \frac{\partial T}{\partial x}\right) + \frac{\partial}{\partial y}\left(k_y \frac{\partial T}{\partial y}\right) + \frac{\partial}{\partial z}\left(k_z \frac{\partial T}{\partial z}\right) + \phi$$

$$\phi = 2\mu \left[ \left(\frac{\partial u}{\partial x}\right)^2 + \left(\frac{\partial v}{\partial y}\right)^2 + \left(\frac{\partial w}{\partial z}\right)^2 \right.$$

$$\left. + \frac{1}{2}\left(\frac{\partial u}{\partial y} + \frac{\partial v}{\partial x}\right)^2 + \frac{1}{2}\left(\frac{\partial v}{\partial z} + \frac{\partial w}{\partial y}\right)^2 + \frac{1}{2}\left(\frac{\partial w}{\partial x} + \frac{\partial u}{\partial z}\right)^2 \right]$$

$$+ \lambda \left(\frac{\partial u}{\partial x} + \frac{\partial v}{\partial y} + \frac{\partial w}{\partial z}\right)^2$$

と表される。

固体の場合は，圧力 $p=0$，流速 $u, v, w = 0$ であるから，式 (5.3) は

$$\rho c_p \frac{\partial T}{\partial t} = \frac{\partial}{\partial x}\left(k_x \frac{\partial T}{\partial x}\right) + \frac{\partial}{\partial y}\left(k_y \frac{\partial T}{\partial y}\right) + \frac{\partial}{\partial z}\left(k_z \frac{\partial T}{\partial z}\right) + Q$$

となり，熱伝導方程式である。すなわち，熱伝導方程式はエネルギー方程式における圧力と流速が0の特別な場合である。

## 5.2　潤滑膜に適用したエネルギー方程式の有限要素定式化

式 (5.3) を軸受すきまに存在する流体（潤滑膜）に適用するにあたり，つぎの仮定をする。

仮定 I．定常状態とする。すなわち $\partial T/\partial t = 0$，$\partial p/\partial t = 0$ であるから

$$\frac{DT}{Dt} = u\frac{\partial T}{\partial x} + v\frac{\partial T}{\partial y} + w\frac{\partial T}{\partial z}, \qquad \frac{Dp}{Dt} = u\frac{\partial p}{\partial x} + v\frac{\partial p}{\partial y} + w\frac{\partial p}{\partial z}$$

仮定II．外部から加えられる熱量 $Q=0$ とする．

仮定III．レイノルズ方程式の場合に仮定したのと同じく，$z$ 方向の流速 $w=0$ とする．

以上より

$$\rho c_p \left( u \frac{\partial T}{\partial x} + v \frac{\partial T}{\partial y} \right)$$
$$= u \frac{\partial p}{\partial x} + v \frac{\partial p}{\partial y} + \frac{\partial}{\partial x}\left( k_x \frac{\partial T}{\partial x} \right) + \frac{\partial}{\partial y}\left( k_y \frac{\partial T}{\partial y} \right) + \frac{\partial}{\partial z}\left( k_z \frac{\partial T}{\partial z} \right) + \phi \quad (5.4)$$

$$\phi = 2\mu \left[ \left( \frac{\partial u}{\partial x} \right)^2 + \left( \frac{\partial v}{\partial y} \right)^2 + \frac{1}{2}\left( \frac{\partial u}{\partial y} + \frac{\partial v}{\partial x} \right)^2 + \frac{1}{2}\left( \frac{\partial v}{\partial z} \right)^2 + \frac{1}{2}\left( \frac{\partial u}{\partial z} \right)^2 \right]$$
$$+ \lambda \left( \frac{\partial u}{\partial x} + \frac{\partial v}{\partial y} \right)^2 \quad (5.5)$$

ここで，上式に対して order of magnitude analysis を行う．このために以下の無次元量を定義する．ただし，$X, Y, \cdots$ は $\bar{x}, \bar{y}, \cdots$ が1またはそれ以下となるように選んだとする．

$$\bar{x} = \frac{x}{X}, \qquad \bar{y} = \frac{y}{Y}, \qquad \bar{z} = \frac{z}{h}, \qquad \bar{u} = \frac{u}{U}, \qquad \bar{v} = \frac{v}{V},$$

$$\bar{\rho} = \frac{\rho}{\rho_0}, \qquad \bar{\mu} = \frac{\mu}{\mu_0}, \qquad \bar{\lambda} = \frac{\lambda}{\lambda_0}, \qquad \bar{p} = \frac{p}{p_0}, \qquad \bar{T} = \frac{T}{T_0},$$

$$\bar{k}_x = \frac{k_x}{k_{x0}}, \qquad \bar{k}_y = \frac{k_y}{k_{y0}}, \qquad \bar{k}_z = \frac{k_z}{k_{z0}}$$

このとき，式 (5.4) は

$$\rho_0 \bar{\rho} c_{p0} \bar{c}_p T_0 \left( \frac{U}{X} \bar{u} \frac{\partial \bar{T}}{\partial \bar{x}} + \frac{V}{Y} \bar{v} \frac{\partial \bar{T}}{\partial \bar{y}} \right)$$
$$= p_0 \left( \frac{U}{X} \bar{u} \frac{\partial \bar{p}}{\partial \bar{x}} + \frac{V}{Y} \bar{v} \frac{\partial \bar{p}}{\partial \bar{y}} \right)$$
$$+ k_0 T_0 \left[ \frac{1}{X^2} \frac{\partial}{\partial \bar{x}}\left( \bar{k}_x \frac{\partial \bar{T}}{\partial \bar{x}} \right) + \frac{1}{Y^2} \frac{\partial}{\partial \bar{y}}\left( \bar{k}_y \frac{\partial \bar{T}}{\partial \bar{y}} \right) + \frac{1}{h^2} \frac{\partial}{\partial \bar{z}}\left( \bar{k}_z \frac{\partial \bar{T}}{\partial \bar{z}} \right) \right]$$

式 (5.5) は

## 5.2 潤滑膜に適用したエネルギー方程式の有限要素定式化

$$\phi = 2\mu_0\bar{\mu}\left[\left(\frac{U}{X}\right)^2\left(\frac{\partial \bar{u}}{\partial \bar{x}}\right)^2 + \left(\frac{V}{Y}\right)^2\left(\frac{\partial \bar{v}}{\partial \bar{y}}\right)^2 + \frac{1}{2}\left(\frac{U}{Y}\frac{\partial \bar{u}}{\partial \bar{y}} + \frac{V}{X}\frac{\partial \bar{v}}{\partial \bar{x}}\right)^2\right.$$
$$\left. + \frac{1}{2}\left(\frac{V}{h}\frac{\partial \bar{v}}{\partial \bar{z}}\right)^2 + \frac{1}{2}\left(\frac{U}{h}\frac{\partial \bar{u}}{\partial \bar{z}}\right)^2\right] + \lambda_0\bar{\lambda}\left(\frac{U}{X}\frac{\partial \bar{u}}{\partial \bar{x}} + \frac{V}{Y}\frac{\partial \bar{v}}{\partial \bar{y}}\right)^2$$

となる。さて，$X$と$Y$および$U$と$V$はそれぞれ同じオーダーと考えられ，軸受すきま$h$に比べて非常に大きいと考えることができる。すなわち

$$\frac{1}{h^2} \gg \frac{1}{X^2}, \frac{1}{Y^2}, \quad \frac{U}{h}, \frac{V}{h} \gg \frac{U}{X}, \frac{V}{X}, \frac{U}{Y}, \frac{V}{Y}$$

であるから，軸受すきまに適用したエネルギー方程式は，圧縮性流体の場合

$$\rho c_p\left(u\frac{\partial T}{\partial x} + v\frac{\partial T}{\partial y}\right) = u\frac{\partial p}{\partial x} + v\frac{\partial p}{\partial y} + \frac{\partial}{\partial z}\left(k_z\frac{\partial T}{\partial z}\right) + \mu\left[\left(\frac{\partial u}{\partial z}\right)^2 + \left(\frac{\partial v}{\partial z}\right)^2\right] \quad (5.6)$$

非圧縮性流体の場合

$$\rho c_v\left(u\frac{\partial T}{\partial x} + v\frac{\partial T}{\partial y}\right) = \frac{\partial}{\partial z}\left(k_z\frac{\partial T}{\partial z}\right) + \mu\left[\left(\frac{\partial u}{\partial x}\right)^2 + \left(\frac{\partial v}{\partial z}\right)^2\right] \quad (5.7)$$

と表すことができる。

境界条件としては，一般には，つぎの五つの場合が考えられる。

(1)　境界$S_1$上で熱の出入りがない（すなわち断熱）。
(2)　境界$S_2$上で温度が規定されている。
$$T = T_0$$
(3)　境界$S_3$上に熱流束$q_0$が規定されている（流出を正とする）。
$$q = q_0$$
(4)　境界$S_4$上で熱伝達による熱の流出がある。
$$q = \lambda(T - T_a)$$
ただし，$\lambda$は熱伝達係数，$T_a$は十分離れた周囲温度である。
(5)　境界$S_5$上で熱放射がある。
$$q = \varepsilon\sigma F(T^4 - T_r^4) = \varepsilon\sigma F(T + T_r)(T^2 + T_r^2)(T - T_r) = \alpha_r(T - T_r)$$
ただし，$\varepsilon$は放射率，$\sigma$はステファン・ボルツマン定数，$F$は形状係数，$T_r$は放射源温度である。一般に熱放射は他の伝熱形態に比べて小さいの

で無視しても差し支えないといわれており，ここでも無視することにする。

なお，熱流束 $q$ はフーリエの法則より

$$q = \vec{n} \cdot \left\{ \left( -k_x \frac{\partial T}{\partial x} \right) \vec{i} + \left( -k_y \frac{\partial T}{\partial y} \right) \vec{j} + \left( -k_z \frac{\partial T}{\partial z} \right) \vec{k} \right\}$$

$$= -\left( k_x \frac{\partial T}{\partial x} \ell_x + k_y \frac{\partial T}{\partial y} \ell_y + k_z \frac{\partial T}{\partial z} \ell_z \right)$$

order of magnitude analysis を考慮すれば

$$q = -k_z \frac{\partial T}{\partial z} \ell_z$$

である。ただし，$\vec{n}$ は単位法線ベクトルで，方向余弦と単位ベクトルにより

$$\vec{n} = \cos \alpha \cdot \vec{i} + \cos \beta \cdot \vec{j} + \cos \gamma \cdot \vec{k} = \ell_x \vec{i} + \ell_y \vec{j} + \ell_z \vec{k}$$

と表される。

さて，支配方程式 (5.6) に $x, y$ 方向の熱伝導項も含めたままで，$\rho = (\rho_a p)/p_a$ を考慮してガラーキン法を適用すると

$$\int_V N_i \left[ \frac{\rho_a}{p_a} p c_p \left( u \frac{\partial T}{\partial x} + v \frac{\partial T}{\partial y} \right) - \left( u \frac{\partial p}{\partial x} + v \frac{\partial p}{\partial y} \right) \right.$$

$$- \frac{\partial}{\partial x} \left( k_x \frac{\partial T}{\partial x} \right) - \frac{\partial}{\partial y} \left( k_y \frac{\partial T}{\partial y} \right) - \frac{\partial}{\partial z} \left( k_z \frac{\partial T}{\partial z} \right)$$

$$\left. - \mu \left\{ \left( \frac{\partial u}{\partial z} \right)^2 + \left( \frac{\partial v}{\partial z} \right)^2 \right\} \right] dxdydz = 0$$

$$(i = 1, 2, 3, \cdots) \quad (5.8)$$

となる。熱伝導項に部分積分法そしてガウスの定理を適用すれば

$$\int_V N_i \left( k_x \frac{\partial^2 T}{\partial x^2} + k_y \frac{\partial^2 T}{\partial y^2} + k_z \frac{\partial^2 T}{\partial z^2} \right) dxdydz$$

$$= -\int_V \left( k_x \frac{\partial N_i}{\partial x} \frac{\partial T}{\partial x} + k_y \frac{\partial N_i}{\partial y} \frac{\partial T}{\partial y} + k_z \frac{\partial N_i}{\partial z} \frac{\partial T}{\partial z} \right) dxdydz$$

## 5.2 潤滑膜に適用したエネルギー方程式の有限要素定式化

$$+ \int_S N_i \left( k_x \frac{\partial T}{\partial x} \ell_x + k_y \frac{\partial T}{\partial y} \ell_y + k_z \frac{\partial T}{\partial z} \ell_z \right) dS$$

であり，熱流束 $q$ の式を考慮すると

$$\int_V N_i \left( k_x \frac{\partial^2 T}{\partial x^2} + k_y \frac{\partial^2 T}{\partial y^2} + k_z \frac{\partial^2 T}{\partial z^2} \right) dxdydz$$

$$= - \int_V \left( k_x \frac{\partial N_i}{\partial x} \frac{\partial T}{\partial x} + k_y \frac{\partial N_i}{\partial y} \frac{\partial T}{\partial y} + k_z \frac{\partial N_i}{\partial z} \frac{\partial T}{\partial z} \right) dxdydz - \int_S N_i q dS$$

となる．したがって式 (5.8) は

$$\int_V N_i \frac{\rho_a}{p_a} p c_p \left( u \frac{\partial T}{\partial x} + v \frac{\partial T}{\partial y} \right) dxdydz$$

$$+ \int_V \left( k_x \frac{\partial N_i}{\partial x} \frac{\partial T}{\partial x} + k_y \frac{\partial N_i}{\partial y} \frac{\partial T}{\partial y} + k_z \frac{\partial N_i}{\partial z} \frac{\partial T}{\partial z} \right) dxdydz$$

$$= \int_V N_i \left( u \frac{\partial p}{\partial x} + v \frac{\partial p}{\partial y} \right) dxdydz + \int_V N_i \mu \left\{ \left( \frac{\partial u}{\partial z} \right)^2 + \left( \frac{\partial v}{\partial z} \right)^2 \right\} dxdydz$$

$$- \int_S N_i q dS \qquad (5.9)$$

となる．

ここで

$$T = N_1 \Phi_1 + N_2 \Phi_2 + \cdots = [N]\{\Phi\}$$

と近似すれば

$$\frac{\partial T}{\partial x} = \frac{\partial [N]}{\partial x}\{\Phi\}, \qquad \frac{\partial T}{\partial y} = \frac{\partial [N]}{\partial y}\{\Phi\}, \qquad \frac{\partial T}{\partial z} = \frac{\partial [N]}{\partial z}\{\Phi\}$$

であるから，式 (5.9) の左辺第 1 項と第 2 項はそれぞれ

$$\frac{\rho_a}{p_a} c_p \int_V N_i p \left( u \frac{\partial [N]}{\partial x} + v \frac{\partial [N]}{\partial y} \right) dxdydz \times \{\Phi\}$$

$$\int_V \left( k_x \frac{\partial N_i}{\partial x} \frac{\partial [N]}{\partial x} + k_y \frac{\partial N_i}{\partial y} \frac{\partial [N]}{\partial y} + k_z \frac{\partial N_i}{\partial z} \frac{\partial [N]}{\partial z} \right) dxdydz \times \{\Phi\}$$

となる．よって要素剛性マトリックス $[k^{(e)}]$ は

$$[k^{(e)}] = \frac{\rho_a}{p_a} c_p \int_V N_i p \left( u \frac{\partial [N]}{\partial x} + v \frac{\partial [N]}{\partial y} \right) dxdydz$$

$$+ \int_V \left( k_x \frac{\partial N_i}{\partial x} \frac{\partial [N]}{\partial x} + k_y \frac{\partial N_i}{\partial y} \frac{\partial [N]}{\partial y} + k_z \frac{\partial N_i}{\partial z} \frac{\partial [N]}{\partial z} \right) dxdydz$$

と表される。同様に式 (5.9) 右辺の要素負荷ベクトル $\{f^{(e)}\}$ は

$$\{f^{(e)}\} = \int_V N_i \left( u \frac{\partial p}{\partial x} + v \frac{\partial p}{\partial y} \right) dxdydz$$

$$+ \int \mu N_i \left\{ \left( \frac{\partial u}{\partial z} \right)^2 + \left( \frac{\partial v}{\partial z} \right)^2 \right\} dxdydz - \int_S q N_i dS$$

と表される。

前述の境界条件の (3), (4) は，上式の $q$ をそれぞれつぎのように置き換えればよい。

$$\int_S q N_i dS = \int_S q_0 N_i dS$$

$$\int_S q N_i dS = \int_S \lambda (T - T_a) dS = \int_S \lambda N_i [N] dS \times \{\Phi\} - \int_S \lambda T_a N_i dS$$

以上より，境界条件を含めた要素剛性マトリックスは

$$[k^{(e)}] = \frac{\rho_a}{p_a} c_p \int_V N_i p \left( u \frac{\partial [N]}{\partial x} + v \frac{\partial [N]}{\partial y} \right) dxdydz$$

$$+ \int_V \left( k_x \frac{\partial N_i}{\partial x} \frac{\partial [N]}{\partial x} + k_y \frac{\partial N_i}{\partial y} \frac{\partial [N]}{\partial y} + k_z \frac{\partial N_i}{\partial z} \frac{\partial [N]}{\partial z} \right) dxdydz$$

$$+ \int_S \lambda N_i [N] dS$$

同じく要素負荷ベクトルは

$$\{f^{(e)}\} = \int_V N_i \left( u \frac{\partial p}{\partial x} + v \frac{\partial p}{\partial y} \right) dxdydz$$

$$+ \int_V \mu N_i \left\{ \left( \frac{\partial u}{\partial z} \right)^2 + \left( \frac{\partial v}{\partial z} \right)^2 \right\} dxdydz - \int_{S_3} q_0 N_i dS + \int_{S_4} \lambda T_a N_i dS$$

と表すことができる。

ところで，要素剛性マトリックスと要素負荷ベクトルにおける $p, u, v, \partial p/\partial x$, $\partial p/\partial y$ については，節点値として圧力が与えられている場合，例えばレイノルズ方程式から節点圧力が求められている場合には

## 5.2 潤滑膜に適用したエネルギー方程式の有限要素定式化

$$p = [N]\{P\}, \quad \frac{\partial p}{\partial x} = \frac{\partial [N]}{\partial x}\{P\}, \quad \frac{\partial p}{\partial y} = \frac{\partial [N]}{\partial y}\{P\}$$

と表される。

また，形状と未知関数を定義する形状関数が同じアイソパラメトリック要素を用いるとすれば，$\xi, \eta, \zeta$ を局部座標として

$$x(\xi, \eta, \zeta) = \sum_{i=1}^{r} N_i(\xi, \eta, \zeta) \cdot X_i, \quad y(\xi, \eta, \zeta) = \sum_{i=1}^{r} N_i(\xi, \eta, \zeta) \cdot Y_i,$$

$$z(\xi, \eta, \zeta) = \sum_{i=1}^{r} N_i(\xi, \eta, \zeta) \cdot Z_i$$

であるから，$z$ 軸の原点のとり方によるが

$$u = \frac{z}{2\mu}(z-h)\frac{\partial p}{\partial x} + U\left(1 - \frac{z}{h}\right)$$

$$= \frac{\sum N_i Z_i}{2\mu}\left(\sum N_i Z_i - \sum N_i H_i\right)\frac{\partial [N]}{\partial x}\{P\} + U\left(1 - \frac{\sum N_i Z_i}{\sum N_i H_i}\right)$$

$$v = \frac{z}{2\mu}(z-h)\frac{\partial p}{\partial y} + V\left(1 - \frac{z}{h}\right)$$

$$= \frac{\sum N_i Z_i}{2\mu}\left(\sum N_i Z_i - \sum N_i H_i\right)\frac{\partial [N]}{\partial y}\{P\} + V\left(1 - \frac{\sum N_i Z_i}{\sum N_i H_i}\right)$$

$$\frac{\partial u}{\partial z} = \frac{1}{2\mu}\left(2\sum N_i Z_i - \sum N_i H_i\right)\frac{\partial [N]}{\partial x}\{P\} - \frac{U}{\sum N_i H_i}$$

$$\frac{\partial v}{\partial z} = \frac{1}{2\mu}\left(2\sum N_i Z_i - \sum N_i H_i\right)\frac{\partial [N]}{\partial y}\{P\} - \frac{V}{\sum N_i H_i}$$

または

$$u = \frac{z}{2\mu}(z+h)\frac{\partial p}{\partial x} - U\frac{z}{h}$$

$$= \frac{\sum N_i Z_i}{2\mu}\left(\sum N_i Z_i + \sum N_i H_i\right)\frac{\partial [N]}{\partial x}\{P\} - U\frac{\sum N_i Z_i}{\sum N_i H_i}$$

$$v = \frac{z}{2\mu}(z+h)\frac{\partial p}{\partial y} - V\frac{z}{h}$$

$$= \frac{\sum N_i Z_i}{2\mu}\left(\sum N_i Z_i + \sum N_i H\right)\frac{\partial [N]}{\partial y}\{P\} - V\frac{\sum N_i Z_i}{\sum N_i H_i}$$

$$\frac{\partial u}{\partial z} = \frac{1}{2\mu}\left(2\sum N_i Z_i + \sum N_i H_i\right)\frac{\partial [N]}{\partial x}\{P\} - \frac{U}{\sum N_i H_i}$$

$$\frac{\partial v}{\partial z} = \frac{1}{2\mu}\left(2\sum N_i Z_i + \sum N_i H_i\right)\frac{\partial [N]}{\partial y}\{P\} - \frac{V}{\sum N_i H_i}$$

と表現することができる。

　要素剛性マトリックスおよび要素負荷ベクトルの数値積分を含む具体的な算出方法については，2次の六面体要素を用いるのであれば，4.5節で説明した2次の四角形要素の場合に準じて行えばよい。ただし，ここで注意しなければならないのは，要素剛性マトリックス

$$k_{i,j}^{(e)} = \frac{\rho_a}{p_a} c_p \int_V N_i p \left( u \frac{\partial N_j}{\partial x} + v \frac{\partial N_j}{\partial y} \right) dx dy dz$$

$$+ \int_V \left( k_x \frac{\partial N_i}{\partial x} \frac{\partial N_j}{\partial x} + k_y \frac{\partial N_i}{\partial y} \frac{\partial N_j}{\partial y} + k_z \frac{\partial N_i}{\partial z} \frac{\partial N_j}{\partial z} \right) dx dy dz$$

$$+ \int_S \lambda N_i N_j dS$$

$$(i, j = 1, 2, 3, \cdots)$$

の第1項が $i$ と $j$ を入れ換えることができない。すなわち非対称なマトリックスであることである。したがって，レイノルズ方程式の剛性マトリックスのように対角項を含む上または下半分を格納すればよいというわけにはいかない。

　しかし，非圧縮性流体の場合は

$$k_{i,j}^{(e)} = \int_V \left( k_x \frac{\partial N_i}{\partial x} \frac{\partial N_j}{\partial x} + k_y \frac{\partial N_i}{\partial y} \frac{\partial N_j}{\partial y} + k_z \frac{\partial N_i}{\partial z} \frac{\partial N_j}{\partial z} \right) dx dy dz$$

$$+ \int_S \lambda N_i N_j dS$$

$$(i, j = 1, 2, 3, \cdots)$$

であるから，対称マトリックスである。

　以下では，筆者が作成したプログラムによる計算結果を紹介する。エネルギー方程式の理論解が求められる場合は少ないが，図5.1はクェット流れにおける温度分布について，有限要素解析結果と理論値とを比較したものである。

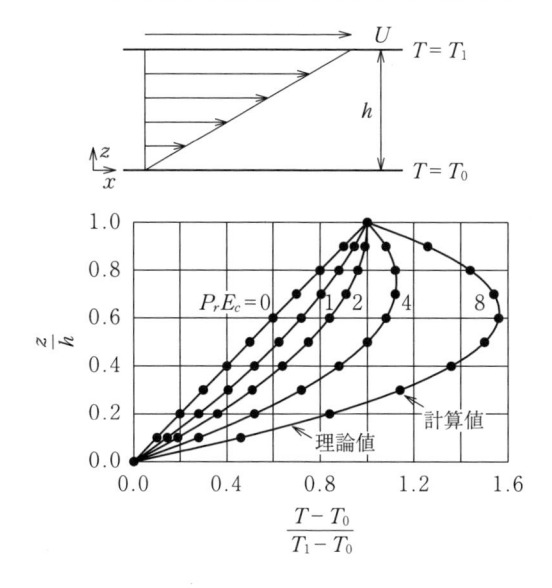

## 5.2 潤滑膜に適用したエネルギー方程式の有限要素定式化

図5.1 クエット流れにおける温度分布の理論値と計算値の比較

理論値は

$$\frac{T-T_0}{T_1-T_0} = \frac{z}{h} + \frac{1}{2} \times \left(\frac{\mu c_p}{k}\right) \times \left\{\frac{U^2}{c_p(T_1-T_0)}\right\} \times \frac{z}{h}\left(1-\frac{z}{h}\right)$$

$$= \frac{z}{h} + \frac{1}{2} \times P_r \times E_c \times \frac{z}{h}\left(1-\frac{z}{h}\right)$$

で与えられる[4]。ここで，$P_r$ はプラントル数，$E_c$ はエッケルト数と呼ばれる。$T_0$ は下部壁面温度，$T_1$ は上部壁面温度で，$T_0 < T_1$ の場合である。エッケルト数が0の流れがない場合，温度は直線的に変化する。流れがある場合は流体にせん断が生じ粘性による熱発生があるため，流体内部の温度が上昇する。有限要素法による数値解析結果と理論値はよく一致していることがわかる。

ところで，静圧ジャーナル軸受の軸受すきま内の流れを単純化して考えると，主軸の回転に伴って生じるクエット流れと加圧された流体の圧力勾配によって生じるポアズイユ流れが組み合わさったものと考えられる。

クエット流れの流速については，例えばその $x$ 成分は

$$u = U\left(1-\frac{z}{h}\right), \quad \frac{z}{U} = 1-\frac{z}{h}$$

ポアズイユ流れの流速については，例えばその $x$ 成分は

$$u = \frac{z}{2\mu}(z-h)\frac{\partial p}{\partial x}, \quad \frac{u}{U} = -\frac{h^2}{2\mu U}\frac{\partial p}{\partial x}\frac{z}{h}\left(1-\frac{z}{h}\right) = P^* \times \frac{z}{h}\left(1-\frac{z}{h}\right)$$

である。

クェット流れあるいはポアズイユ流れいずれの場合においても，発熱の原因は軸受すきま内における流れが上式のように速度分布をもつことにより生じる

表5.1 非圧縮性・圧縮性クェット流れおよびポアズイユ流れにおける温度分布

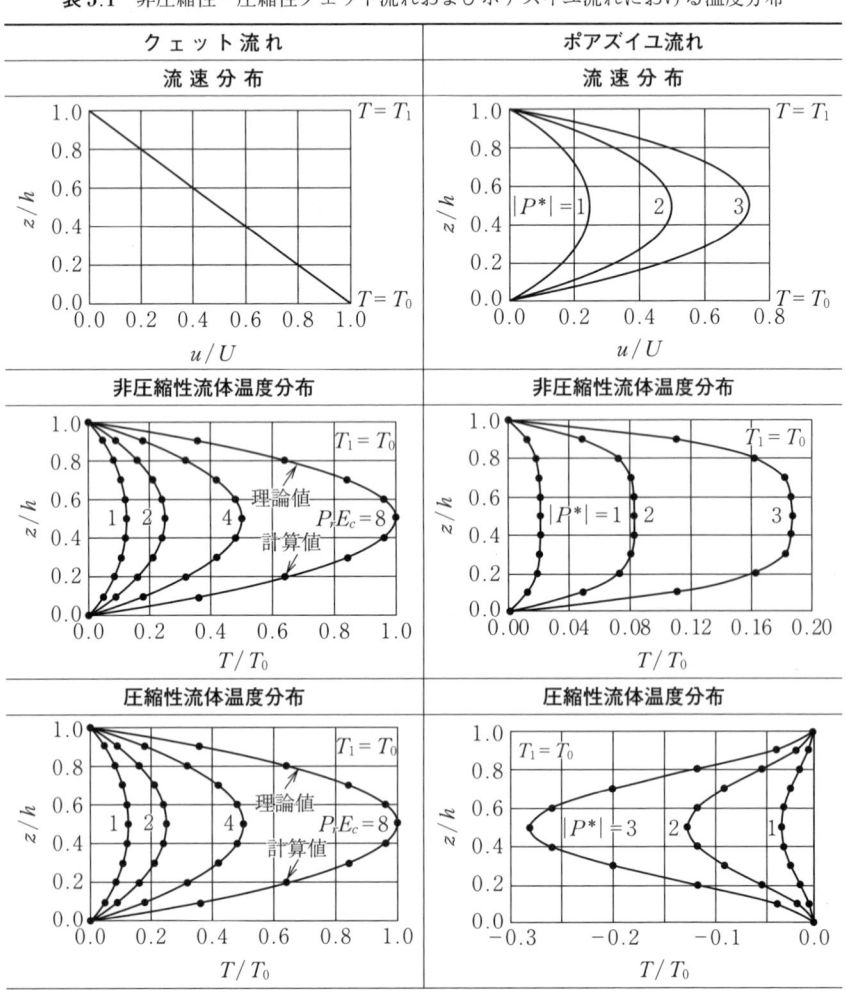

| クェット流れ | ポアズイユ流れ |
|---|---|
| 流速分布 | 流速分布 |
| 非圧縮性流体温度分布 | 非圧縮性流体温度分布 |
| 圧縮性流体温度分布 | 圧縮性流体温度分布 |

せん断摩擦によるものである．クェット流れは**表**5.1左上，ポアズイユ流れは表右上の速度分布となる．まず非圧縮性流体のそれぞれの流れの場合について見ると，せん断のために温度上昇しているのがわかる．ところが，圧縮性流体の場合には，クェット流れでは温度が上昇しているが，ポアズイユ流れでは，圧力勾配（図中の $P^*$）の正負にかかわらず，必ず温度は低下している．この理由は流体の圧縮性に起因するものである．

さて，供給孔を通って軸受すきま内に流入した空気は**図**5.2に示すように左右に分かれる．供給孔出口圧力が最も高いから，左へは主軸の回転速度 $U$ に逆らって負の圧力勾配で流れ，右へは主軸の回転速度 $U$ につられて正の圧力勾配で流れる．すなわち，空気静圧軸受すきま内の流れは，単純に考えれば，クェット流れとポアズイユ流れが複合したもので，その流速は

$$u = U\left(1-\frac{z}{h}\right) + \frac{z}{2\mu}(z-h)\frac{\partial p}{\partial x}$$

$$\frac{u}{U} = \left(1-\frac{z}{h}\right) + \left(-\frac{h^2}{2\mu U}\frac{\partial p}{\partial x}\right) \times \frac{z}{h}\left(1-\frac{z}{h}\right) = \left(1-\frac{z}{h}\right) + P^* \times \frac{z}{h}\left(1-\frac{z}{h}\right)$$

と表され，給気孔を境に圧力勾配の符号が異なる流れとなる．

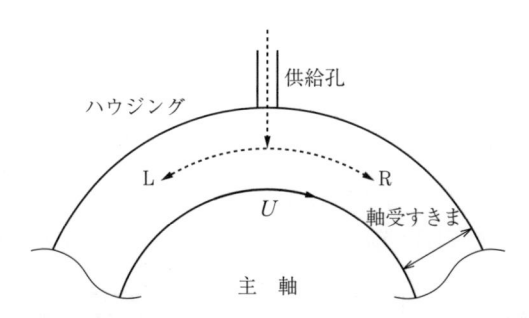

**図**5.2 圧縮性流体・静圧軸受における軸受すきま内の流れ

**表**5.2は非圧縮性流体におけるクェット・ポアズイユ複合流れの温度分布である．非圧縮性の場合には左右どちらでも必ず温度は上昇しており，速度分布から容易に予想される温度分布となっている．これに対し，**表**5.3は圧縮性流体におけるクェット・ポアズイユ複合流れの温度分布である．左側の圧力勾配

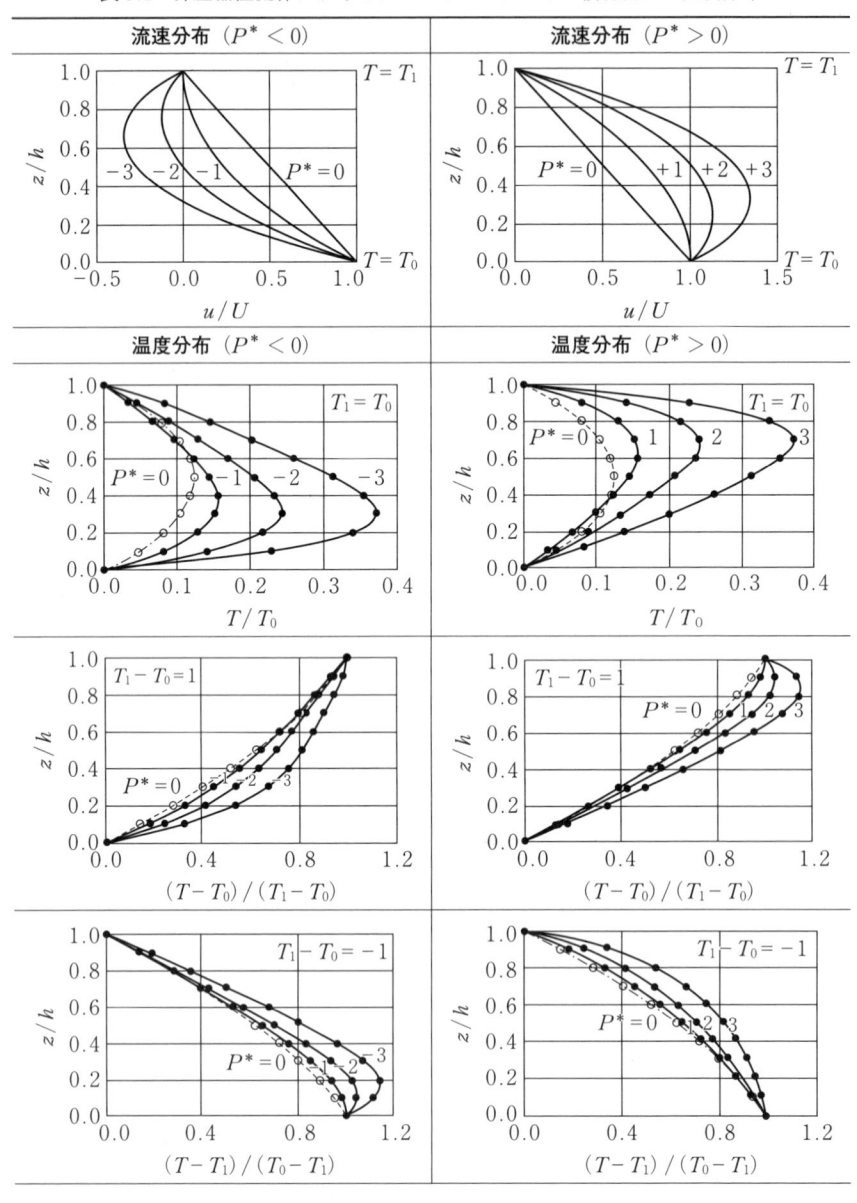

**表5.2** 非圧縮性流体におけるクェット・ポアズイユ複合流れの温度分布

## 5.2 潤滑膜に適用したエネルギー方程式の有限要素定式化

**表5.3** 圧縮性流体におけるクェット・ポアズイユ複合流れの温度分布

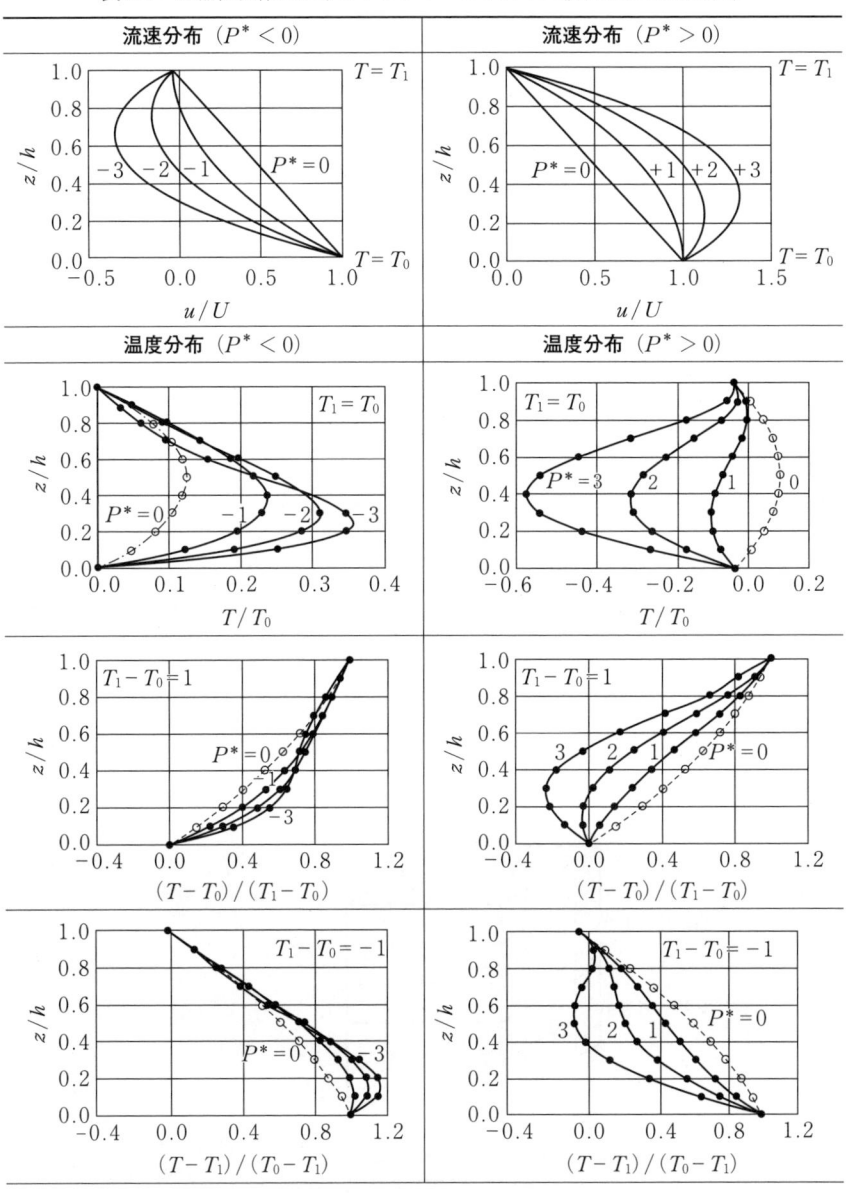

が正,すなわち $P^* < 0$ の場合には必ず温度は上昇しているが,圧力勾配が負の場合には $P^*$ の大きさにより,温度が低下する場合があることがわかる。この結果からすれば,圧縮性流体を使用する静圧軸受では,条件によっては温度が低下することもあり得ることになる。

## 5.3 熱流体潤滑問題へ

熱伝導方程式はエネルギー方程式の特別な場合であるから,固体である軸受部材と潤滑膜の温度分布をあわせてモデル化し,解析することができる。ただし,エネルギー方程式には潤滑膜の圧力と流速に関する項があるため,レイノルズ方程式と連立させて解くことになる。

図 5.3 に説明のためのモデルを示すが,原則として,圧力計算における $x, y$ 面の要素分割と温度計算における $x, y$ 面の要素分割を同じにする必要がある。このやり方の大きな問題点は,圧力分布はより正確に求めたいために必然的に要素分割が細かくなり,これに対応させて温度計算における要素分割も細かくすると,計算機のメモリの制約から,計算が困難となることである。これを避けるためには,圧力計算における要素分割を温度計算におけるそれより細かくしておき,求めた節点圧力値を間引いて,より粗い要素分割の温度計算のプログラムに渡すことが考えられる。

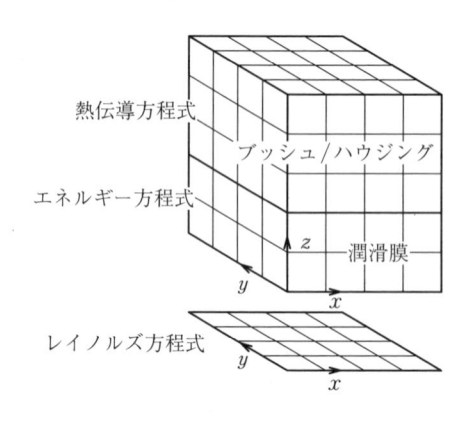

図 5.3 熱流体潤滑問題モデルの説明図

## 5.3 熱流体潤滑問題へ

ところが，節点圧力値を間引いて引き渡すと，間引いたがゆえに本来急だった圧力変化が緩やかになり，エネルギー方程式内で計算される圧力勾配，ひいては流速や流速の勾配に誤差が生じることが考えられる。したがって，エネルギー方程式（潤滑膜部分）へ引き渡すのは圧力ではなく，事前に各節点における圧力勾配，流速，流速の勾配を求めておき，これらを，必要があれば間引いて，引き渡すことにすればよいであろう。このようにすれば，細かい要素分割で得られた圧力値を用いて，その細かい要素分割の状態で節点値を算出するので，誤差が小さくなることが期待できる。その手順はつぎのとおりである。

1) レイノルズ方程式から圧力を求める。
2) 空気膜部分に該当する領域に対して，$x$方向および$y$方向については圧力を求めたときと同じ要素分割，$z$方向についてはあとで行う温度計算用モデルに一致する要素分割，としたモデルを作成する。
3) このモデルにおいて，要素ごとにそれぞれ20の節点，すなわち$(\xi, \eta, \zeta)$ = $(-1, -1, -1)$から$(\xi, \eta, \zeta) = (+1, +1, +1)$における圧力勾配，流速，流速の勾配を以下の式を用いて算出する。

$$\frac{\partial p}{\partial x} = \sum_{r=1}^{20} \left( \bar{J}_{11} \frac{\partial N_r}{\partial \xi} + \bar{J}_{12} \frac{\partial N_r}{\partial \eta} + \bar{J}_{13} \frac{\partial N_r}{\partial \zeta} \right) P_r$$

$$\frac{\partial p}{\partial y} = \sum_{r=1}^{20} \left( \bar{J}_{21} \frac{\partial N_r}{\partial \xi} + \bar{J}_{22} \frac{\partial N_r}{\partial \eta} + \bar{J}_{23} \frac{\partial N_r}{\partial \zeta} \right) P_r$$

$x, y, z$の座標系のとり方が図5.3のようであれば

$$u = \frac{\sum_{r=1}^{20} N_r Z_r}{2\mu} \left( \sum_{r=1}^{20} N_r Z_r - \sum_{r=1}^{20} N_r H_r \right)$$

$$\times \sum_{r=1}^{20} \left( \bar{J}_{11} \frac{\partial N_r}{\partial \xi} + \bar{J}_{12} \frac{\partial N_r}{\partial \eta} + \bar{J}_{13} \frac{\partial N_r}{\partial \zeta} \right) P_r + U \times \left( 1 - \frac{\sum_{r=1}^{20} N_r Z_r}{\sum_{r=1}^{20} N_r H_r} \right)$$

$$v = \frac{\sum_{r=1}^{20} N_r Z_r}{2\mu} \left( \sum_{r=1}^{20} N_r Z_r - \sum_{r=1}^{20} N_r H_r \right)$$

$$\times \sum_{r=1}^{20}\left(\bar{J}_{11}\frac{\partial N_r}{\partial \xi}+\bar{J}_{12}\frac{\partial N_r}{\partial \eta}+\bar{J}_{13}\frac{\partial N_r}{\partial \zeta}\right)P_r+V\times\left(1-\frac{\sum_{r=1}^{20}N_rZ_r}{\sum_{r=1}^{20}N_rH_r}\right)$$

$$\frac{\partial u}{\partial z}=\frac{1}{2\mu}\left(2\sum_{r=1}^{20}N_rZ_r-\sum_{r=1}^{20}N_rH_r\right)$$

$$\times \sum_{r=1}^{20}\left(\bar{J}_{11}\frac{\partial N_r}{\partial \xi}+\bar{J}_{12}\frac{\partial N_r}{\partial \eta}+\bar{J}_{13}\frac{\partial N_r}{\partial \zeta}\right)P_r-U\times\frac{\sum_{r=1}^{20}N_rZ_r}{\sum_{r=1}^{20}N_rH_r}$$

$$\frac{\partial v}{\partial z}=\frac{1}{2\mu}\left(2\sum_{r=1}^{20}N_rZ_r-\sum_{r=1}^{20}N_rH_r\right)$$

$$\times \sum_{r=1}^{20}\left(\bar{J}_{11}\frac{\partial N_r}{\partial \xi}+\bar{J}_{12}\frac{\partial N_r}{\partial \eta}+\bar{J}_{13}\frac{\partial N_r}{\partial \zeta}\right)P_r-V\times\frac{\sum_{r=1}^{20}N_rZ_r}{\sum_{r=1}^{20}N_rH_r}$$

によって，各節点におけるそれぞれの値を求める．

以上，軸受設計のさらなる高度化に向けてということで，一つの考え方を紹介した．参考になれば幸いである．

# 引用・参考文献

**1章**
1) 日本トライボロジー学会 編:トライボロジーハンドブック, p.49, 養賢堂 (2001)
2) 堀　幸夫:流体潤滑, pp.3〜4, 養賢堂 (2002)
3) 堀　幸夫:流体潤滑, pp.11〜13, 養賢堂 (2002)
4) B. Tower : First Report on Friction Experiments, Proc. Inst. Mech. Eng., pp.632〜666 (Nov. 1883) ; Second Report, Proc. Inst. Mech. Eng., pp.58〜70 (1885)
5) N.P. Petrov : Friction in Machines and the Effect of the Lubricant, Inzhenernii Zhurnal, St. Petersburg, **1**, pp.71〜140 ; **2**, pp.227〜279 ; **3**, pp.377〜436 ; **4**, pp.435〜464 (1883)[†]
6) O. Reynolds : On the Theory of Lubrication and Its Applications to Mr. Beauchamp Tower's Experiments Including an Experimental Determination of the Viscosity of Olive Oil, Phi. Trans., **177** (i), pp.157〜234 (1986)
7) O. Pinkus : The Reynolds Centennial: A Brief History of the Theory of Hydrodynamic Lubrication, Trans. ASME, J. Tribology, **109**, pp.2〜20 (1987)
8) 日本トライボロジー学会 編:トライボロジーハンドブック, p.53, 養賢堂 (2001)
9) D. Dowson : A Generalized Reynolds Equation for Fluid-Film Lubrication, Int. J. Mech. Sci., **4**, pp.159〜170 (1962)
10) 光岡豊一:静圧軸受の設計, 精密機械, **38**, 11, pp.966〜975 (1972)
11) W.B. Rowe : Hydrostatic and Hybrid Bearing Design, Butterworths (1983)
12) http://biosystems.okstate.edu/darcy/

**4章**
1) 川井忠彦 監訳:応用有限要素解析, 丸善 (1978)
2) C. Taylor and T.G. Hughes : Finite Element Programming of the Navier-Stokes

---

[†] 論文誌の巻番号は太字, 号番号は細字で表記する。

Equations, Pineridge Press Ltd. (1981)
3) 福森栄次：よくわかる有限要素法，オーム社（2005）
4) 社団法人 土木学会応用力学委員会計算力学小委員会 編：いまさら聞けない計算力学の常識，丸善（2008）
5) 小国 力：Fortran 77 ―応用ソフトウェア作成技法―，丸善（1988）
6) Brian W. Kernighan and P.J. Plauger（木村 泉 訳）：プログラム書法 第2版，共立出版（2004）
7) W.A. Gross：Gas Film Lubrication，John Wiley & Sons（1962）
8) 日本潤滑学会 編：潤滑ハンドブック，pp.180〜181（1970）
9) 大石 進，深井省吾：空気静圧スラスト軸受の圧力分布解析と実測値との比較，砥粒加工学会誌，**42**，5，pp.200〜205（1998）
10) Dudley D. Fuller：THEORY and PRACTICE of LUBRICATION for ENGINEERS，pp.166〜168，John Wiley & Sons（1963）

## 5章

1) S. Ohishi and Y. Matsuzaki：Experimental investigation of air spindle unit thermal characteristics，Precision Engineering，**26**，1，pp.49〜57（2002）
2) 大石 進，松崎 靖：空気静圧ジャーナル軸受における空気膜温度と熱配分割合，精密工学会誌，**71**，10，pp.1239〜1244（2005）
3) 大石 進：空気静圧軸受システムの統合温度解析，平成9年度〜平成10年度科学研究費補助金（基盤研究(C)(2)）研究成果報告書（1999）
4) H. Schlichting：Boundary-Layer Theory，McGraw-Hill（1968）

# 索 引

## 【あ行】

アイソパラメトリック要素 154
アキシャル軸受 6
圧力-流量特性 10
案内面 1
一般化レイノルズ方程式 14
エッケルト数 203
エネルギー方程式 193
オリフィス絞り 20

## 【か】

解析モデルの設計 38
ガウスの定理 145
ガウス・ルジャンドル求積法 161
拡張子 30
ガラーキン法 142

## 【き】

キャビテーション 19
ギュンベルの条件 19
境界潤滑 2
境界条件 17
局部座標系 59, 155

## 【く】

クェット流れ 4, 203
くさび効果 5

## 【け】

形状関数 155, 157

## 【こ】

剛 性 9, 11
コマンドオプション 30
混合潤滑 2
コンパイラ 26
コンパイルコマンド 30

## 【さ】

差分法 32
三角形要素 161

## 【し】

軸受数 186
軸受すきま 184
軸受特性数 2
軸受負荷容量 9
自成絞り 22
自然座標系 155
絞 り 9, 19
絞り抵抗 10
絞り出口圧力 11
ジャーナル軸受 6
シュトリベック線図 2
真円軸受 6
浸透率 23

## 【す】

スウィフト・スティーバーの条件 19
数値計算ライブラリ 26, 28
すきま抵抗 10
ストライベック線図 2
滑り軸受 3
スラスト軸受 6

## 【せ】

静圧軸受 8
積分公式 161, 173
接合点 50
線積分 161, 162
全体剛性マトリックス 174
全体座標系 59
全体節点番号 59
全体負荷ベクトル 174

## 【そ】

ソースファイル 25, 30
ゾンマーフェルトの条件 18

## 【た】

対称マトリックス 147, 152
多孔質軸受 12
多孔質絞り 23
ダルシーの法則 23, 149, 151
単位法線ベクトル 144
弾性流体潤滑理論 192

## 【ち～と】

チョーク 21, 76
通気率 23
点 源 50
伝導率 23
動 圧 4
透過率 23, 150

## 【ね】

熱弾性流体潤滑理論 192
熱伝導方程式 195

| | | |
|---|---|---|
| 熱流体潤滑問題　192 | プリプロセッシング　34 | 面積座標　157 |
| **【は】** | フローチャート | 面積積分　161, 162 |
| ハーフ・ゾンマーフェルト | 　41, 44, 46, 47 | 毛細管絞り　19 |
| 　条件　19 | **【へ】** | **【や行】** |
| バンド幅　55, 175 | 閉塞　21, 76 | ヤコビアン　156, 159 |
| バンドマトリックス　176 | 偏心角　184 | 有限要素法　32, 141 |
| **【ひ】** | **【ぽ】** | 要素剛性マトリックス　147, 148, 152, 171, 172, 174 |
| 表面絞り　13, 24 | ポアズイユ流れ　4, 203 | 要素節点番号　59 |
| **【ふ】** | 方向余弦　181 | 要素負荷ベクトル |
| | ポケット　11 | 　147, 148, 172, 174 |
| ファイル転送　31 | ポストプロセッサ　35 | **【ら行】** |
| 負荷ベクトル　152 | ポリトロープ変化　151 | |
| 負荷容量　184 | **【ま行】** | ラインの番号　65 |
| 富士通 Fortran & C Pack- | | ラジアル軸受　6 |
| 　age 64　28 | 摩擦　2 | リセス　11 |
| 部分積分法　144 | 摩擦係数　2 | 流出境界辺　60, 66 |
| プラントル数　203 | マッケンゼン軸受　6 | 流体潤滑　2, 3 |
| フーリエの法則　151 | 摩耗　2 | レイノルズの条件　19 |
| プリプロセッサ　34 | 面絞り　13 | |

| | | |
|---|---|---|
| **【B, D, F】** | Graph-R　36 | **【S, U】** |
| | HP Fortran　28 | |
| BLAS　28 | IMSL　29 | smartGRAPH　35 |
| dos2unix コマンド　31 | Intel Fortran Compiler | SSL Ⅱ　29 |
| FTP クライアントプログ | 　for Linux　27 | unix2dos コマンド　31 |
| 　ラム　31 | Intel Visual Fortran　27 | **【数字】** |
| **【G, H, I】** | **【L, M】** | 2 次元アイソパラメトリッ |
| G95　26 | LAPACK　28 | 　ク要素　171 |
| GNU Fortran　27 | MKL　29 | 2 次元シンプレックス要素 |
| | | 　156, 172 |
| | | 2 次の四角形要素　154 |

―― 著者略歴 ――

1973 年　東京都立大学工学部機械工学科卒業
1975 年　東京都立大学大学院修士課程修了（機械工学専攻）
1975 年　東京都立大学助手
1984 年　工学博士（東京都立大学）
1986 年　東京都立大学助教授
1989 年　青山学院大学助教授
1994 年　青山学院大学教授
　　　　現在に至る

### 実践 気体軸受の設計と解析
　　　― 有限要素法による動圧・静圧気体軸受解析 ―
Practical Design and Analysis of Gas Bearings
― Finite Element Analysis of Aerodynamic and Aerostatic Bearings ―

© Susumu Ohishi 2011

2011 年 5 月 25 日　初版第 1 刷発行　　　　　　　　　　★

| | | | |
|---|---|---|---|
| 検印省略 | 著　者 | 大　石　　　進 | |
| | 発行者 | 株式会社　コロナ社 | |
| | | 代表者　牛来真也 | |
| | 印刷所 | 新日本印刷株式会社 | |

112-0011　東京都文京区千石 4-46-10
発行所　株式会社 コロナ社
CORONA PUBLISHING CO., LTD.
Tokyo　Japan
振替 00140-8-14844・電話 (03) 3941-3131 (代)
ホームページ　http://www.coronasha.co.jp

ISBN 978-4-339-04613-7　　（金）　　（製本：愛千製本所）
Printed in Japan

本書のコピー，スキャン，デジタル化等の無断複製・転載は著作権法上での例外を除き禁じられております。購入者以外の第三者による本書の電子データ化及び電子書籍化は，いかなる場合も認めておりません。

落丁・乱丁本はお取替えいたします

## 塑性加工技術シリーズ

(各巻A5判，欠番は品切です)

■(社)日本塑性加工学会編

| 配本順 | | (執筆者代表) | 頁 | 定価 |
|---|---|---|---|---|
| 2.(17回) | 材　　　　料<br>― 高機能化材料への挑戦 ― | 宮川　松男 | 248 | 3990円 |
| 4.(19回) | 鍛　　　　造<br>― 目指すはネットシェイプ ― | 工藤　英明 | 400 | 6090円 |
| 10.(11回) | チューブフォーミング<br>― 管材の二次加工と製品設計 ― | 淵澤　定克 | 270 | 4200円 |
| 11.( 4回) | 回　転　加　工<br>― 転造とスピニング ― | 葉山　益次郎 | 240 | 4200円 |
| 12.( 9回) | せ　ん　断　加　工<br>― プレス加工の基本技術 ― | 中川　威雄 | 248 | 3885円 |
| 13.(16回) | プレス絞り加工<br>― 工程設計と型設計 ― | 西村　尚 | 278 | 4410円 |
| 15.( 7回) | 矯　正　加　工<br>― 板, 管, 棒, 線を真直ぐにする方法 ― | 日比野　文雄 | 222 | 3570円 |
| 16.(14回) | 高エネルギー速度加工<br>― 難加工部材の克服へ ― | 鈴木　秀雄 | 232 | 3675円 |
| 17.( 5回) | プラスチックの溶融・固相加工<br>― 基本現象から先進技術へ ― | 北條　英典 | 252 | 3990円 |

## 加工プロセスシミュレーションシリーズ

(各巻A5判，CD-ROM付)

■(社)日本塑性加工学会編

| 配本順 | | (執筆者代表) | 頁 | 定価 |
|---|---|---|---|---|
| 1.( 2回) | 静的解法FEM―板成形 | 牧野内　昭武 | 300 | 4725円 |
| 2.( 1回) | 静的解法FEM―バルク加工 | 森　謙一郎 | 232 | 3885円 |
| 3. | 動的陽解法FEM―3次元成形 | 大下　文則 | | |
| 4.( 3回) | 流動解析―プラスチック成形 | 中野　亮 | 272 | 4200円 |

定価は本体価格+税5％です。
定価は変更されることがありますのでご了承下さい。

図書目録進呈◆